漁家女兒的 魚鱻食帖

煮魚知魚，讓你愛上吃魚！

新合發猩弟——著

CONTENT

1-2 給新手的魚蝦烹調訣

1-3 自製一夜干與料理變化

PART2
好下飯的常備魚鬆

PART3
吃原味的迷人魚鱻

PART4
辣過癮的開胃魚鱻

PART5
多變魚鱻與療癒小食

不只吃魚，更要知魚

　　生活在四面環海的台灣，對於我們來說，吃魚嗑蟹並不是一件很困難的事情，尤其是我，從小吃遍海味，對於海鮮的定義就像青蔥那般，是隨手可得的食材。

　　直到陪另一半去美國讀書的那兩年才體會到，原來內陸不靠海的地方，要吃上一條活跳跳的海魚，有如伸手摘天上的星星一樣，是不會發生的奇蹟。記得那時在鎮上唯一的華人超市裡，看到冰櫃擺放著白帶魚、鯖魚和其他冷凍魚。但是看到那被冰凍到魚眼凹陷和斷尾破皮的賣相，完全不會讓人有想掏錢結帳的慾望。明明面前有魚，卻吃不了，那句「世界上最遙遠的距離」，是當時去買菜的最痛體悟啊！（笑）

　　有一次，開車從紐約回大學城的路上，老公特別停留在紐澤西，因為他打聽到當地某間超大型日本連鎖超市，聽說有販售「新鮮解凍的魚（急凍退冰後的魚）」和各類海鮮熟生食。那天，我們在超市花了一千塊美金，用了兩個大保麗龍箱才裝得下買來的魚乾、蝦、鮮魚。嚐到甜頭後，時常會找些理由再訪，也不畏懼來回要花8小時的車程，現在回想起來，為了吃魚，還真有點瘋狂。

　　不過，要是沒有在國外生活體驗過，一輩子都不可能覺得，要吃上一尾新鮮鯖魚是如此難的事。所以回台後，我開始嘗試做給自己和家人朋友不曾吃過的魚料理，例如：魚肉熱狗潛艇堡、魚肉抹醬⋯等，希望顛覆一般烹煮方式。謝謝家裡開明樂觀的父親──川爸，讓我運用外銷經營的工廠和團隊，開創出台灣唯一的整片去刺鯖魚片，一方面為讓孫女吃魚不怕刺之外，更想矯正一般人對於鯖魚腥味重的印象，希望醫生最常推薦食用的鯖魚，也能成為大家餐桌上最常食用的魚款。

　　回台生活後，能為女兒挑選好魚，是身為母親最重要的事；能讓朋友們都愛上吃魚，是身為漁家女兒最拿手的事；而吃魚和知魚，我認為是身為海島人都應該要做的事。

新合發　猩弟

PART ①

烹調前
了解魚蟲

在料理以前，先來認識不同種的魚蟲吧！猩弟將分享她的魚蟲觀點、帶你識魚知魚，以及帶著新手做前處理和烹調，想做魚蟲料理，其實真的沒有那麼難。

產地買魚，
要眼到手到

常聽到朋友抱怨說，到漁港買魚常被騙，買貴了不說，更糟的是，還買到不新鮮的魚。大部分人直覺認為，在海邊買的魚一定比較新鮮，隨便買都不會有問題，而且大多會依賴攤販老闆選購，常常忘記挑魚其實也跟挑菜買西瓜一樣，是需要透過自己的雙眼和雙手來鑑定，不看不摸又如何能確定品質呢？其實，真正新鮮的魚摸起來一點都不腥臭，只要沖水就能讓手指不留味道。

如果你到觀光魚市或者菜市場，第一步驟，先用眼睛挑出自己愛吃或有興趣的魚獲。第二步驟是伸出手，去摸摸魚肚和魚身，新鮮的魚應該是有硬度和彈性（用手指按壓，魚肉會回彈的程度）。第三個步驟，抹一抹魚皮表面，是不是有「透明」的黏液（若有白色黏液則是不新鮮），最後的步驟，掀開魚鰓看看是不是鮮紅色（魚的鮮度如果下降，魚鰓會變咖啡色），以及魚眼睛有沒有塌陷，對了！還要有漂亮完整的魚尾才行。

掌握以上的小小訣竅，你也可以輕鬆自在地買魚，就好像買菜頭一樣簡單，拿起親自挑選的鮮魚再交到攤販手上，相信自己，這一尾魚絕對比老闆挑的還新鮮好吃！

產地限定！
當地人才知道的美味

有一些魚可能從來沒在超市出現過，例如馬鞭魚、紅紗魚還有黑毛魚，但這都是漁夫們會留下來、特別帶回家，要與家人一同享用的海味珍饈。

為什麼內行人眼中的好魚，從來沒在市場上見過？大概是這兩個原因，第一，不夠「出名」。逛菜市場時，這些魚通常詢問度會很高，可是因為不常見，也不知道名字的緣故，再問了老闆之後，還是會選擇購買我們一般所認識的魚。第二是「不會煮」，因為即使想嘗鮮，但擔心無法駕馭這些魚和不會料理，最終還是選擇放棄，回頭還是拿了熟悉的魚去結帳買單。

沒聽過和不會煮等於沒買氣，所以這些超好吃的魚，一直無法打進主流市場，就變成產地限定了。下次有機會去漁港附近遊玩時，就挑些平常不會買的魚來嘗鮮，牠們可是出奇的美味！

眼見為憑，
活的才是真新鮮？

　　不管去到哪個國家，只要有賣海鮮的攤販或店面，大多都會展示活體，因為這是最直接能展示新鮮度的方法。

　　不知道大家有沒有看過老闆餵食養在展售池（缸）的海鮮呢？水池內的魚蝦不在原本的生長環境裡，也沒有適當的餌料來餵養，在這樣的狀況下，就是直接消耗自體養分來維持生命，即使再肥美的油脂也會

因此開始消瘦。所以，店家要有短期完售的自信和能力，不然，一缸子長期處於不良生長環境裡的魚、蝦、蟹、貝類再怎麼生活，都不會新鮮味美。

　　我們在意的，究竟是食材的質純與天然，還是僅滿足視覺上的享受呢？好像是個值得你我去想想的問題！

怎麼看超市裡的
包裝魚鮮度？

　　許多人常到超市買魚，但不知該
怎麼分辨包裝魚的鮮度是否OK，
因為超市裡的魚隔著一層保鮮膜，
我們僅用看的去賭一把嗎？當然不
是，就算摸不到聞不著，用眼睛一
樣能看出好魚喔！

　　舉一個比喻，就像我們吃西瓜一
樣，將剛買來的西瓜切塊，不管是
紅肉或是外表綠皮白肉處的切角都
很銳利，一旦放在冰箱幾天後，切
角就會慢慢變萎縮而不那麼銳利了。

　　同理，魚肉也是這樣，如果切角
呈現直角又銳利的話，代表魚還很
新鮮；相反的，若切角變得圓圓鈍
鈍，就是保存溫度不夠，或是放得
比較久了。另外，也可注意一下魚
跟保麗龍盒中間的吸水海綿，如果
海綿都已經吸滿血水，且盒子內血
水滲出越多的話，代表魚兒距離退
冰的時間也越長。

　　多從小細節做觀察，一一去突
破，這樣在超市買魚，仍可挑出新
鮮貨！

圖片提供／猩弟

帶孩子吃魚——
餐桌與廚房裡的食育

　　記得在布拉魚（女兒小名）1歲半時，帶她去體驗森林昆蟲課，那時候小鬼第一次看到活生生的青蛙蹦蹦跳跳，嚇得魂飛四散，跑來抱著媽媽的大腿，一旁的老師從容安撫手上的小生物，一邊告訴小朋友：「看看牠的眼睛周圍像是擦著金色眼影，習慣在夜晚活動、喜歡吃小蟲蟲，皮膚有點凸凸一粒粒的是…」。老師鉅細靡遺地說著眼前這位嬌客

的喜好和習慣，鼓勵布拉魚再次摸摸牠的頭，希望讓孩子們了解和喜歡這些大自然裡的生物。

受到自然課的啟發，我想，在餐桌上，媽媽也像老師一樣，需要引導孩子認識碗盤裡的飯菜、湯碗裡的餡料、烤盤上的鮮魚的來由是什麼。比方，要孩子看一看鯖魚的魚皮顏色，原來它的咖啡色魚肉是因為在海裡游泳時，被太陽曬得黑黑的緣故，裡面有太陽的力量（鐵質），吃了也能讓身體變得有力氣⋯等，讓他們知道餐桌上的食物是經過誰的努力、怎麼得來，吃進去又

如何對身體起幫助。比起吼叫著「吃快點」，像這樣的餐間話題，能緩和我自己急躁的情緒，也讓女兒覺得吃飯像聽故事般有趣。

每當有朋友問說怎麼讓孩子喜歡吃魚時，我真心覺得其實沒什麼特別訣竅，就像爸媽讓小孩去學習新才藝一樣，用開放的態度鼓勵就好，多嘗試各種魚鱻，若能看見整條魚更好！因為，孩子們的接受度遠比我們想得更寬廣。

PART

- 1-1 -

認識各種魚鱻

鯖魚怎麼分辨本港或西洋？白帶魚最珍貴的地方是「銀脂」，
那是什麼？珍稀的紅目鏈肝是什麼滋味？在家如何汆燙小卷才
脆口？鬼頭刀、石狗公是什麼樣的魚？挑選秋刀魚的秘訣是什
麼、魚刺好多怎處理？上市場之前，先了解各種魚鱻吧！

　　在我們現今的生活中，其實已經有太多食品都不是原本面貌，甚至名稱和食材可能一點關聯性都沒有，在這樣的環境下，了解自己入口的是什麼，是一件基本且重要的事情。

　　尤其是魚，有太多肉類料理可取代，就算一個月沒吃到，也不會感覺奇怪。也因為如此，我們對魚越來越陌生，就算用Ａ魚假裝Ｂ魚，大概也沒多少人會發現，但是，如果能對魚多一些了解，不僅能避免購買到品質不佳、產地不明的魚，更

能試著善用魚本身的口感特質（例如很多的膠原蛋白，所以切成碎肉自然有黏性、就不需混粉），做出有創意的魚料理，讓自己或家人也喜歡上吃魚。

　　對我來說，認識魚就像是知道自己老家附近有什麼好吃、好玩的地方，是當地人才有的獨家情報；身為主婦，熟知食材樣貌與本質是「一家之廚」的責任，讓家人享用安心的料理，才是在家自烹的意義。

認識
各種魚蟲

1

一眼看出鯖魚產地

市面上販售的鯖魚大多都是從挪威來的，為了抵禦寒冷的天氣，牠們自體會儲存脂肪，所以挪威來的鯖魚個頭大且含油量最多。另外，魚背上的直條藍紋特別顯眼、魚肚表面潔白，不會有任何斑點。

另一款就是本港的鯖魚，是在台灣捕撈的在地鯖魚，牠們魚背上的花紋就不像挪威鯖魚那樣深色，肚子上也會有像芝麻般的小斑點，大家購買鯖魚時，不妨觀察看看兩者的不同之處。

因為地利之便，在地鯖魚在上岸後隨即在市場販售，比較新鮮，不過油脂度就不及國外進口的鯖魚。國外鯖魚的油脂量高、易產生油耗味，一般都將進口鯖魚退冰處理，再用鹽水浸漬，冷凍後會分裝，在一般超市大多是販售退冰的鹽漬挪威鯖魚。建議購買回家後，就馬上烹飪煮食，不要再次冷凍保存（因為魚體經過多次冷凍、反覆退冰，青背魚的蛋白質高容易腐壞，是腥臭味產生的主因）。

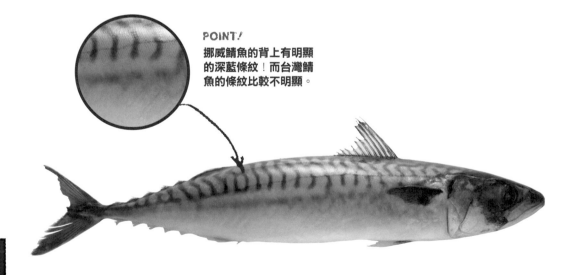

POINT!
挪威鯖魚的背上有明顯的深藍條紋！而台灣鯖魚的條紋比較不明顯。

POINT!
魚肚內有著白色魚肝珍品!

不去鱗去肚才能嚐到
保留紅目鰱鮮味的秘密

市面上很多人會說紅目鰱是「剝皮魚」,其實是因為紅目鰱的魚鱗粗糙,進口到台灣之前,早已在國外去掉魚皮和內臟,而呈現無皮的外表,才如此被稱呼,但真正的剝皮魚是另有其魚。台灣現撈的紅目鰱在販售時,通常都不去皮,所以可從外表輕易分辨是本地魚或從印尼、越南進口的。

如果問識貨老饕們怎麼品嚐本地的正港紅目鰱,一定會建議是整尾烹飪,魚鱗和內臟都不需要去除,因為厚厚鱗片能讓魚肉在加熱過程中不會流失甜度和水分,只要在魚煮熟後,用筷子輕輕一挑,不費力氣,整片魚鱗就能輕易被剝起。

不去鱗去肚的另一原因是,魚肚內有著大大片的白色魚肝,是魚界中堪稱好吃度破表的珍品。有機會買到正港紅目鰱的話,千萬不要請魚販老闆幫魚去鱗去肚,不然就無緣品嚐到這特別的鮮味喔!

冷凍更勝現流！

頭小肚大的
秋刀魚才好吃

POINT!
頭小肚大表示
油脂豐富！

在台灣，捕秋刀魚的漁船大多聚集在前鎮，捕撈海域也都遠到日本海，所以船上一定配有媲美鮪魚級的急速冷凍設備，都是在海上捕撈的當下，就已經將秋刀魚急速冷凍裝箱保存。

所以，在市面上看到標榜是「現流」的秋刀魚，有99.9%都是冷凍退冰後佯裝的現流貨，這是因為現在的冷凍技術，已經不是停留在延長食物的階段，技術早已晉升到能保持鮮物原汁原味的程度，才會讓退冰的秋刀魚有如現撈一般。

在選購時，建議挑選冷凍秋刀魚，這樣可以避免買到二次解凍的秋刀魚。另外，觀察一下魚頭跟魚肚的比例，如果比例差距越大，即「頭越小肚越大」的話，代表油脂度也越高，只要掌握這兩點，就能買到肥美好吃的秋刀魚。

像石頭一樣
懶懶不愛移動的石狗公

　　說到魚兒界的宅神，非石狗公莫屬了！石狗公老愛躲在自己的洞穴，張開大口，一動也不動地等獵物自己上門，是個性懶懶的魚。可能因為牠不愛移動、也不喜歡讓自己耗費太多體力，所以要捕撈到牠並不容易，可是要算準投餌地點，嘟嘟好放到他家門口，才能順利攝餌上鉤。

　　石狗公的背上和鰓蓋處都有尖銳的魚刺，建議在烹調前先用剪刀先修剪掉，再處理內臟，以避免清理時造成手指被刺傷的危險（石狗公的背棘有微量的毒，被刺傷的話可能會紅腫好幾天）。處理過的石狗公，可裝入保鮮盒放冷凍庫保存，會比用保鮮袋來得安全，不用擔心刺破袋子或傷到手。

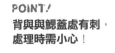

POINT!
背與與鰓蓋處有刺，
處理時需小心！

愛妻男子漢
脂少肉緊實的鬼頭刀

鬼頭刀雄魚的身體越大，額頭的突隆就會越明顯，通常這種魚成長速度很快，在海洋上層洄游、會追逐飛魚，所以討海人又叫他為「飛烏虎」，就像老虎般快速追逐獵物。

有天和川爸在閒聊，我問他：「在海上打滾這麼多年，知不知道最深情溫柔的魚是什麼魚？」。之前讀過一本日文的魚介類百科，書上寫到，鬼頭刀魚比一般魚類特別，他們是一夫一妻制，而且雄魚會特別保護母魚。老爸說，難怪以前放棍啊（延繩釣），每次先上鉤的都是母的鬼頭刀魚（公魚會優先將食物讓給老婆），就是這個原因啊！所以，別看鬼頭刀長得很兇，他可是溫柔的男子漢呢！

由於鬼頭刀魚的游泳速度很快、常激烈飛跳，魚身肌肉多、脂肪少，吃起來跟雞肉口感一樣，適合各種烹煮方式、百搭任何醬料，是一款我很推薦的冰箱常備魚。

POINT!
魚肉口感近似雞肉！

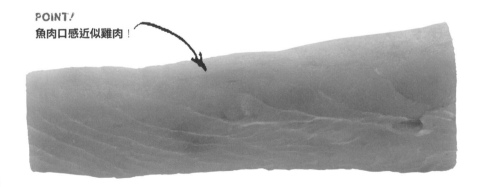

認識
各種魚蟹
1

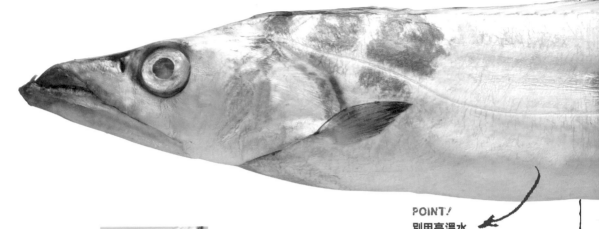

POINT!
別用高溫水
去除珍貴銀脂！

不用洗刷刷！

保留白帶魚的珍貴銀脂

如果你有買過白帶魚的話，就會發現魚身表面有著類似「銀粉」的物質，那吃白帶魚時，到底要不要清除表皮的「銀粉」呢？

其實，白帶魚表皮的銀色物質不是銀粉，也不是銀鱗，而是「銀脂」，是由脂肪所形成的表皮，它可是好東西喔，因為銀脂含有豐富卵磷脂。所以料理時不要用太熱的水（>75°C），或是過度刮拭銀色物質，才能將營養的銀脂保留下來。

另外，由於脂肪是構成白帶魚表皮的主要成分之一，所以可觀察表皮來判斷白帶魚的鮮度。因為脂肪跟空氣接觸時間過久的話，就容易氧化變黃，如果白帶魚的表皮呈現黃色，就表示白帶魚可能比較不新鮮。

補充一個小知識，台灣東北部手釣白帶魚的外皮都非常完整漂亮，也可以從這點看出是不是進口的白帶魚（進口白帶魚的外皮都已不顯銀亮）。

日本人稱牠黑愚痴
質地細緻的黑喉魚

黑喉魚一直是在高級魚的排行榜上，牠的魚肉非常細緻，又沒有過多的細刺干擾食用，的確是吃過一次就會愛上的魚。

黑喉魚的魚鰾（在魚鰓後方部位）很發達，震動時會發出聲音，尤其當一群黑喉魚聚集時，群起發出的聲響很容易就洩漏自己的行蹤，而吸引漁船前來將牠們一網打盡。這也是為什麼日本人稱呼黑喉魚是「黑愚痴」的原因。

如果以後有人說我們像黑喉魚，這不是稱讚我們是肉質細膩的小鮮肉，而是「掩耳盜鈴」的傻.....。對了！跟黑喉魚時常相提並論的紅喉魚，牠的喉嚨可是黑色的，只是外皮是紅色，牠們是同屬石首科的魚種喔！

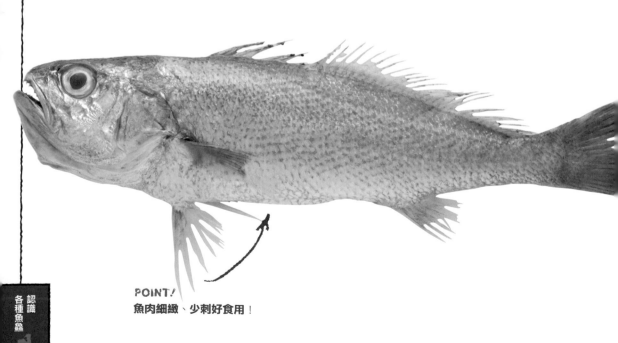

POINT!
魚肉細緻、少刺好食用！

其實是大比目魚
肉質豐厚雪白的「鱈魚」

你知道嗎？我們現在吃的鱈魚都不是真正的鱈魚，不論在超市或傳統市場看到的切片，通通是「大比目魚」！一般來說，成魚體重可達30公斤以上，因為肉質豐厚雪白，好像也因此就被誤稱為鱈魚了。

台灣販售的大比目魚都來自於進口（台灣海域捕撈不到），所以購買時，建議一定要選購冷凍狀態的魚片。若在超市裡買到盒裝退冰的鱈魚片，最好當餐就料理完畢，避免再冰回冷凍庫（因為已解凍過一次），結凍和退冰越多次越影響鮮度，營養成分也跟著流失。另外，

大比目魚片外層都會裹上一層冰，那是因為切片後的接觸面積大，會用包冰的方式保護魚肉，能阻絕表面因為接觸空氣而變色，進而保持鮮度。

現在魚片的種類繁多，購買時要多留心，例如：白旗魚片可能是水鯊去皮切塊伴裝；去骨去刺沒有魚皮的鯛魚片，也有可能是鯰魚加工而成…等。對於這些非全魚的商品，購買前請務必挑選有完整標示說明的包裝，或找有信譽的賣家，才能確保買到的魚是真的魚！

就算清蒸也沒魚腥味
香氣淡雅的
馬頭魚

如果到漁村作客，馬頭魚絕對是漁家船長用來招待上賓的首選魚款，因為牠的魚肉質地非常細緻、香氣非常淡雅，是最沒有魚腥味的魚。

在市場選購時，建議絕對要親自動手確認品質，因為新鮮的馬頭魚在表面一定會有透明的黏液（又比其他魚種明顯），以及魚尾和魚身的色彩和條紋要非常鮮艷。還有，如果魚身軟爛無彈性，可能是經過無數次的解凍，或保存冷度不當所造成。

對於非常非常不愛吃魚的人，我會推薦馬頭魚來做料理嘗試吃吃看，因為就算清蒸，也不會被嫌棄有魚腥味喔。

POINT!
**魚身表面要有黏液
才新鮮！**

認識
各種魚鱻
1

滋味清淡可紅燒
肉質堅實的紅甘

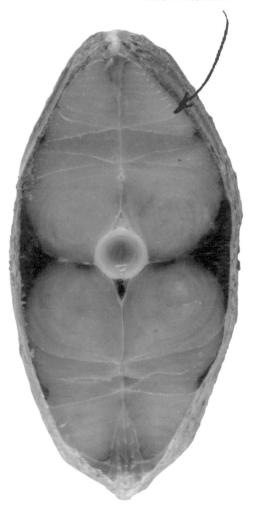

POINT！
魚肉組織特別堅實！

　　為什麼我們都只吃過紅甘魚生魚片，但媽媽卻從來不會在家煮呢？

　　紅甘魚算是比較體型比較大的洄游性魚類，台灣沿海捕撈到的大小至少都有3、4公斤，最小的也要將近1公斤，這樣的規格，對現代小家庭的人口數來說，要一餐煮食完還真有點吃力，還有我們都已經吃慣養殖鮭魚的肥嫩，對於紅甘魚這種肉質堅實又清淡的魚肉，吸引力就降低許多。

　　一般的生魚片拼盤裡，如果有油多的鮪魚、鮭魚，再配上一兩片紅甘魚，這時候口腔自然會感覺到特別甘甜清爽。所以說，不是紅甘魚煮熟不好吃，只是我們已經習慣既定的吃法，如果有機會，一定要吃吃紅燒的紅甘魚，很鮮美呢！

不是有卵才好吃
透抽與小卷卵迷思

POINT!
冷凍透抽裝箱時，每隻會重疊，使得部分的皮顏色變淺，是因為沒有接觸到空氣所造成，與鮮度無關！

之前很常被朋友問到，透抽現在有沒有卵？是有卵的透抽／小卷才比較好吃嗎？

曾經掌舵10幾年透抽船的川爸說，透抽抱卵時，牠的胃會因此被整個肚子的卵擠壓，只剩下一點點空間裝食物，就像孕婦常容易覺得肚子裡的寶寶頂到胃，所以胃口不好、吃不下的感覺。同理可證，抱卵的母透抽肉質會變薄，脂度會下降，口感自然不會比較好。

還有，在台灣東北部地區所捕撈的透抽／小卷的品種，本身就不是會抱卵的體質，只有澎湖海域和印尼進口的一款品種，俗稱「小辣椒卷」，肚子裡才會有很多蛋。

所以大家以後買透抽／小卷時，不用特別問說有沒有卵，因為除了能吃到卵的口感外，其他沒有特別不一樣喔！

認識各種魚蟹
1

32

了解兩者特色
生熟小卷
美味各有千秋

在海上作業的小卷船，會依當晚捕撈數量的多寡，來決定小卷要「活體急凍」，還是要「熟體急凍」。

活體急凍的小卷，漁家稱之為「生卷」，當晚捕撈小卷量若不多，可以在一定時間內完成作業，就會以手工將每隻活小卷排列在小盒內，再送至船艙冷凍庫內急速冷凍。相反的，若當夜小卷現身踴躍、捕撈數量大增，導致作業時間過長，就無法手工裝盒，這時船上配備汆燙小卷的大鍋爐就會啟動，直接先把小卷先燙熟，鎖住鮮度後，再送至急速冷凍，這種叫為「熟卷」。

此外，傳統市場較常販售熟卷，是因為小卷已被燙熟，對於保存的冷凍條件就不那麼嚴格了，所以不用冰的熟卷展示在販售台的原因就是如此。雖然，熟卷鮮度已經維持，不過採購時，還是要多加注意，畢竟海鮮還是需有一定溫度的保存環境。生卷、熟卷各有不同口感與滋味，建議兩款都試試，再依自己喜好和烹飪習慣做選擇。

POINT!
生小卷才會
盒裝販售！

POINT!
魚皮富含
膠原蛋白！

多吃會變漂亮

膠質滿滿Q彈
海鱺魚

海鱺魚的魚皮膠質很豐富，吃的時候就能直接感受到魚皮的Q彈，可以帶骨切塊下去熱炒，是在地內行人很推薦的吃法。

在南方澳的漁港邊，不時會捕獲野生的海鱺魚，環肥燕瘦都有，就像放山的土雞，肉質就是比養殖肉雞來得有彈性。更聽朋友說，野生的海鱺魚吃起來比養殖的更多鮮甜許

多，我想大概是在無邊境的大海中樂活遨遊，心情比較好的關係吧！

海鱺魚皮很特別，它比其他魚種都來得厚，可以單獨將魚皮切片做成料理，或搭配白菜或瓜類一起煮。經過燉煮，海鱺魚皮豐富的膠質都溶於湯裡或醬汁中，吃魚就能補充滿滿的膠原蛋白，多吃海鱺，是真的會變漂亮。

游速極快很兇狠
怕氧化的煙仔虎

　　看到魚名中有個虎字，直接可以聯想到這款魚的個性猛烈兇狠，沒錯，煙仔虎就像是海中老虎，會追逐獵食海中的小魚，牠的游速極快，是在中上層洄游的魚類。

　　就是因為牠的游泳速度很快，所以魚肉的新陳代謝也跟著加快，在煙仔虎離水後，就一定要進行妥善的保冰保存。一旦切開煙仔虎的魚肉，其表皮接觸到空氣的時間越久，就會氧化的越厲害。所以，要吃這種魚的生魚片，就要親自跑一趟漁港了，鮮度才會是比較佳的狀態。

　　不過，現在也有處理好的煙仔虎魚肉，能夠馬上進行真空、以隔絕空氣，讓魚肉不反黑，同樣能保有煙仔虎的真正鮮味。

POINT!
煙仔虎魚肉非常容易氧化，一旦接觸到空氣就會變深色，處理後得立刻進行包裝。

夏季最為盛產好吃
烹調百搭的赤鯮

　　常在餐桌上看到的赤鯮魚料理大多都是乾煎的吧？其實赤鯮除了煎之外，更適合用來煮薑絲湯或用來炊飯，因為牠的肉質白皙、也沒有特別的魚味，料理後的味道很高雅清淡，就算是對魚腥味敏感的人，對它的接受度也都很高。而且，赤鯮的魚肉組織不會過於軟爛，即使用來煮湯，魚肉也不會散在一鍋裡。

　　在台灣，四季幾乎都能在沿海捕撈到赤鯮，尤其入夏後產量穩定，價格也很實惠，是很適合出現在餐桌上的夏季魚款喔！

　　此外，特別推薦孕婦在懷孕期間和坐月子期間食用赤鯮，因為除了有滿滿的膠原蛋白能讓媽咪變漂亮之外，豐富的DHA有助於母奶更營養，能讓小寶貝長得頭好壯壯！

認識各種魚鱻 1

雌魚吃蛋、雄魚做一夜干
整尾好食用的
柳葉魚

　　相傳日本北海道的愛奴人，在鮭魚捕獲量不佳時，向上天祈求出海作業的船隻都能滿載而歸，人們合心祈禱的當下，湖邊吹落大海的柳葉通通變成小魚，是柳葉魚的傳說故事。

　　我們所吃的柳葉魚為什麼都有蛋？那是因為捕獲時，漁夫在第一時間就會將雌雄分類，有蛋的雌魚多數採用急速冷凍的方式保存；而一般日式居酒屋吃到的無卵柳葉魚魚乾，就是雄魚做成的一夜干。

　　在台灣海域不會捕撈到柳葉魚，全部都是由國外進口，所以如果在超市或市場看到販售的柳葉魚不是冷凍的狀態，就盡量避免購買。

認識
各種魚鱻
1

如何挑選安全蝦
買前觀察
蝦頭蝦身顏色

POINT!
蝦頭蝦身
不能變黑!

在台灣,現在的養蝦技術和捕蝦技術都非常成熟,養蝦戶不會特別在蝦苗生長的環境裡用藥,尤其像是存活率很高的白蝦,根本不需要用藥。

但是,為什麼還是有人說,蝦子會被下藥呢?其實,是因為蝦子非常容易失去鮮度,如果蝦頭和蝦腳不新鮮的話就會發黑,通常是為了保存蝦子鮮度而可能添加保鮮劑,而非是在養殖的過程中用藥的。

如果你很在意蝦子是否被加了有的沒的東西,建議你不妨考慮挑選冷凍蝦,其次是活蝦(有打氧氣),以這兩類來做購買。如果在逛市場時,看到一堆攤開在無冷藏環境的蝦子、但蝦頭蝦身卻一點都沒轉黑的話,採買前就需考慮一下囉。

夏季吃正對時
超適合做一夜干的竹筴魚

常在日本電視節目中看到「竹筴魚」，但其實竹筴魚並不是日本特有的魚種。在台灣的夏季裡，整個東北沿岸都能捕撈到竹筴魚，從6、7月開始，一直到10、11月，都是特別肥美好吃的季節。尤其，把竹筴魚製作成一夜干的話，鹹香甘甜的滋味，光是用想的，就足以讓人口水直流。

我們討海人叫竹筴魚為「黑尾仔」，顧名思義，當然就是魚尾的顏色是黑色的，而且在魚肚後半段到魚尾的位置，會有一道黑色凸起的硬鱗。通常，在去除魚鰓和內臟後就可直接烹飪，不需刮除硬硬的那道魚鱗（而魚身表面也沒有鱗片），只要在煮熟欲食用時，用筷子直接剝除硬鱗就可以囉。

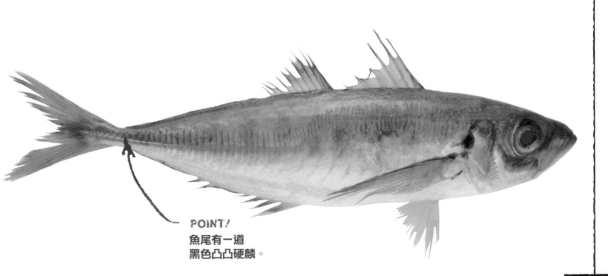

POINT!
魚尾有一道
黑色凸凸硬鱗。

價美物廉卻營養滿分
煮麻油很搭的
四破魚

在我國小時期，我記得阿嬤時常拿四破魚來煮麻油，要給我們小朋友多吃、補補身體，那時候只知道沒吃完的話，會惹得阿嬤不高興，所以也沒問過為什麼要這樣煮。

直到生了女兒之後，粉媽說以前她坐月子時，阿嬤也經常煮麻油四破魚來讓產後的媽媽進補。老媽說，早期四破魚的價格比雞肉便宜很多，以前經濟不好時，哪有可能在坐月子期間天天買雞肉，這時，魚肉結實又耐煮的四破魚就成了最佳替代品，豐富的蛋白質，吃起來一點也不輸雞肉、營養和愛心一樣兼顧。

新手媽媽們，如果在坐月子期間會害怕常吃麻油雞太油膩的話，不妨請家人買四破魚來替換一下，而且魚肉吃多也不用怕胖，小朋友還可以喝到母奶裡滿滿的DHA喔！

認識各種魚鱻

1

了解本質，追求真正的魚滋味

近幾年，在大家的努力之下，「在地慢魚運動」概念漸漸被大家談論和重視。何謂「慢魚運動」？指的是我們應該試著了解身處之地的漁業、生態環境，以及了解魚兒從哪來、學會選魚與吃魚。

還記得有次帶女兒逛市場，走到賣魚攤位前，布拉魚（女兒小名）隨手一指就問我：「媽媽那是什麼魚？」。還好，是一條我認識的魚，一眼瞄過展售台上，有來自挪威的鯖魚、加拿大的鮭魚、冰島的鱈魚、印度的白帶魚、印尼的透抽…等滿滿海鮮漁獲，卻見不到阿嬤以前常用麻油煮的四破魚。

為什麼四破魚變少了呢？老闆說，平價普遍的四破魚不會有人買，所以不會進貨。的確！工廠的冷凍四破魚大多已淪為釣鮪魚用的魚餌了。其實，四破魚身上有著充滿鐵質的血合肉，也有著青皮魚特有的油脂和豐富DHA，而且令人開心的是──價位非常便宜。

很奇怪，明明CP值如此高，大家為何不吃這種好魚了呢？我問過幾個愛吃魚的朋友，10個人裡有8個人沒吃過四破魚，有兩個人說魚肉吃起來澀澀乾乾，另外有人說「沒有知名度」和「魚肉不討喜」。因為大家不吃它，所以魚販不進貨，這就是四破魚消失在餐桌上的原因。

認識
各種魚鱻
1

　　不知道從什麼時候開始，我們吃魚只挑「有名、刺少、油多」的魚種吃，像四破這些本港就能捕獲的魚種，卻被排除在購買名單上。一尾正港的野生海魚，為什麼要像五花豬那樣肥，才覺得好吃？為什麼魚要像雞胸肉一樣，要沒有皮沒有骨才肯食用？現在的我們吃魚，已變得只追求某些在魚身上不該有的特質。

　　身為母親，我認為有必要帶著孩子認識孕育自己成長的大海，了解魚的模樣、魚的來源，還有，讓她學會吃魚吐刺。懂得欣賞魚原本的滋味，比起吃進口的昂貴海參和藍斑，像四破魚這一類樸實物美的魚種還有很多，牠們才是媽媽們應該給孩子們多吃的魚。

認識
各種魚鱻
1

PART
-1-2-
給新手的魚蠻烹調訣

怎麼煎出漂亮不破相的魚?如何煮出不濁的清澈魚湯?為蝦子去腥不沾手的小方法?煮魚應該用什麼醬油才對味?魚菲力的完美煎法?用剪刀處理魚身怎麼做?怎麼分辨煎魚是不是熟了?有了烹魚基礎,料理上桌非難事,更附上QR code帶你一步步學。

對於從小在海邊長大、父親又是船長的我來說，刮魚鱗、去內臟、處理魚…等動作就像吃芒果要削皮一樣，是非常普通的事情。

有一次，朋友傳了洗小卷的照片給我看，在捕撈當下小心翼翼保留下來的完整外皮，竟然這樣被刷破！而且經過大量的水洗，小卷甜度也流失掉了，這下子才驚覺原來我認為的理所當然，其實只有自己知道而已。

如果妳也是煮婦或是海鮮愛好者，不妨跟著書中內容嘗試看看自己處理魚鮮，其實真的很簡單，只有江湖一點訣，一旦說破了，就和削地瓜皮一樣容易；再多練習個幾次，動作也能變得很快速俐落了。

給新手的
魚鱻烹調訣
2

COOKING TIPS!

為魚兒蝦兒
做完美保濕

有些朋友問我，明明買回家的魚蝦很新鮮，為什麼冷凍後的表面卡了一層霜，或者表皮變得有點灰暗…而且煮起來有冰箱味？

如果購買的是非真空包裝的魚蝦，我都會用一個小方法，來保持魚體外觀的漂亮和鮮度。首先，準備一些開水與鹽巴調和成淡鹽水（只要嚐起來有鹹度就好），再把已去除魚鱗和內臟的魚（或整隻蝦）分裝，依每餐要料理的份量放密封袋中，最後倒入淡鹽水淹過食材，確實密封後冷凍，這樣就可達到跟真空包同樣的保鮮效果。

用鹽水的目的是防止魚體酸劣化、以保持新鮮，這樣退冰後的魚蝦外觀美麗、鮮度不減，而且魚皮、蝦殼都不會凍傷（或變乾燥），也沒有腥味喔！

1

2

烹調前的魚鱻
解凍法

拜現在科技之賜，急凍魚是已經可以媲美現撈魚獲的鮮度。

不過，卻常因為解凍方式的錯誤，造成魚鱻產生不好的氣味、肉質腐壞、營養成分流失…等狀況。建議大家，不管是魚類、蝦蟹、頭足類的海鮮都先「放冷藏解凍」，但不要超過6小時。還有一個最好的解凍法，就是「烹飪前不拆袋泡水」，

等10-15分鐘後，就馬上進行調理。因為退冰的時間越長，水分、鮮度、營養成分也跟著流失越多。

只要記得，魚體在半解凍狀態時，就是最佳烹飪的時間，千萬不要退冰到整條魚都變軟了才做料理。此外，所有解凍過的魚鱻一定要當次就料理完畢。

一把搞定！
用剪刀處理魚身

掃 QR Code
觀看完整影片

在漁村長大的我，從來就不覺得會殺魚有什麼好驚訝，直到跟客戶互動聊天之中才發現，原來大多數的主婦，是不擅長這件事的。

要處理圓滾滾又滑溜的魚，使用剪刀是最安全也最不血腥的殺魚法，如果你想自己嘗試處理魚，不妨試試以下方法。只要簡單三步驟，就能將魚鰓、內臟一次處理乾淨了。

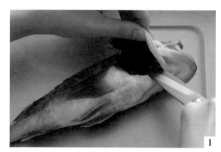

HOW TO DO

❶打開魚鰓蓋，剪斷魚鰓兩邊的連結處。
❷沿著魚下巴，順著剪開魚肚，直到魚肛門處停止。
❸拉起魚鰓，就可連同魚內臟一起用力扯斷，一次將魚鰓到魚內臟都清理乾淨。

蝦蝦專用！
免薑酒的去腥方式

　　大部分愛吃蝦的人最困擾的事，應該是剝完後殘留在指甲縫的蝦味吧！有些專門料理蝦的餐廳，甚至會提供檸檬水，讓你用來浸泡殘留腥味的手指。

　　為了讓食用更加方便，通常我習慣在烹調前先為蝦子去腥。只要準備檸檬切片，先放入要烹煮用的熱水中，然後再依平常的流程氽燙蝦子即可。鹼性的檸檬片能綜合去掉酸性的腥臭，這樣一來，燙好的蝦子自然就沒有蝦腥味，而且剝蝦時，大拇指和食指也不會沾染上味道了。

1

2

給新手的
魚鱗烹調訣
2

依魚皮魚肉顏色
決定調味鹹淡

　　不曉得你會不會有個疑惑，明明每次煮魚用的調味料品牌、份量、作法都一樣，但每次料理的成品鹹淡度怎麼都不同？這裡分享一個小訣竅，讓你的魚料理調味不失敗。

　　簡單把魚分成兩個類型，一種是喜歡曬太陽、常在海水的上層迴游，例如，鯖魚、竹莢魚、秋刀魚…等，牠們都是熱愛陽光的魚。因為常曬太陽所以會變黑，所以牠們的魚皮大多是藍綠色，在皮下中間會有暗紅色魚肉（即為「血合」），導致這類魚都有較特殊的風味。建議使用較濃口味的醬油來調味，同時也適合做長時間的燉煮（像是佃煮）。

　　另一種不愛陽光的魚，喜歡在海底悠遊、鮮少接觸到陽光，例如：赤鯮魚、馬頭魚、石狗公、黑喉魚…等，牠們的魚皮比較鮮豔且魚肉白皙，不會有暗紅色魚肉。由於這類魚風味清淡，下調味料要比青皮魚稍微少一些，烹飪時間也不宜太久。

　　給個好記的口訣方便大家記憶：「青皮暗肉倒濃口（較鹹或份量多的調味），紅皮白肉給淡口（清淡不鹹的調味）」，以後只要看魚皮和魚肉顏色就能決定調味濃度了。

COOKING TIPS!

魚身的刀花處理
與判斷熟度

平常烹調魚時，不管是要煎、烤或蒸，我都會順便在魚背（背鰭）的下方，劃上一刀或兩刀。別看這小小一刀，可讓魚肉內部均勻熟透、讓醬料入味，而且料理成品也會很美觀。

此外，煮魚的時候，如何分辨魚是否熟了，是許多人的疑惑。提供一個很簡單辨別的方式：取一根竹籤插進魚體（選擇魚肉最厚的地方），拿出來時，摸一下竹籤，若是感覺熱熱的，就代表熟透；反之，如果冷冷的，則要再煮一下。

HOW TO DO

❶直線劃一刀（切）在有魚肚開口的那一方，也就是盛盤時，要朝下的那面。
❷要朝上的那面，就劃兩道斜切刀或X型刀花。
❸不論是烤或煎或蒸，想判斷煮好的魚熟了沒，只要用一根竹籤或筷子戳進魚肉最厚的位置，再拿出來感覺溫度即可。

蔥薑酒以外的 去腥增味法

料理魚時，除了用蔥薑、酒去腥外，我習慣搭配一些調味料和香草，同樣能消除魚腥味並且提升魚肉甜度。

像是必備的醬油和味噌，這類發酵調味料，因為含有麩氨酸（一種甜味來源），結合魚肉中本身的肌苷酸（魚肉甜度），這樣烹煮出來的紅燒魚或味噌煮魚，會比一般清蒸魚肉的甜度多增加5倍左右。另外，稍微放一點糖，能抑制魚腥味產生；烤魚時，可在魚肚、魚鰓蓋內塞上百里香、奧勒岡或迷迭香這類香草，除了添加香氣，也會輔助去除血腥味。

對了！油炸更是一種完全不用任何辛香料的最強去味法，像是魚味特別重的鯖魚、有血合肉的秋刀魚都適合。酥炸後，魚皮會變得可口，連魚骨細刺都香脆到可以大口吃，堪稱是最有效去腥以及把魚吃得最乾淨的方式。

給新手的
魚鱻烹調訣
2

COOKING TIPS!

怎麼煮出
不濁的魚湯

以前，我從不覺得煮薑絲魚湯有什麼要特別注意的訣竅，直到坐月子時，老媽天天煮魚湯給我吃，才發現她煮的魚湯為什麼能這麼清？一點咖啡色的雜質泡沫都沒有？老媽說，其實就跟煮雞湯或排骨湯一樣，要先把魚汆燙一下，只是不是放在鍋子裡汆燙，是用熱水快速沖一下魚體兩面就好。只要把握這個訣竅，如此一來，你煮出來的魚湯也能清澈透明、味鮮汁甜囉！

HOW TO DO

❶準備滾燙的開水，先燙一下魚。
❷倒油入鍋，先爆香薑絲。
❸接著再倒入開水蓋過魚身。
❹最後放入魚煮至滾沸。

給新手的魚蟲烹調訣 2

魚皮煎「恰恰」的技巧

掃 QR Code
觀看完整影片

雖然魚用蒸的、烤的都很好吃，但有時就是想吃「恰恰」的魚皮，那就來煎魚吧！煎魚時，我都會特意換上不沾鍋，如此一來，要煎出香酥脆的魚皮就不是一件難事。

除了如虎添翼的不沾鍋之外，我通常在煎魚前的10-15分鐘，習慣先將魚身兩面和魚肚內抹上鹽，靜置至出水，如此排出的血水會帶走魚肉多餘的水分和腥臭味。最後用廚房紙巾擦乾魚身才入鍋，這樣煎出來的魚，目前都頗受身邊朋友的讚美。

掌握以上兩點，相信沒有功夫底子的三腳貓，絕對也能跨越煎皮怕破皮的心理障礙！

HOW TO DO

❶ 先在魚身內外兩面抹上鹽。
❷ 用廚房紙巾擦乾魚身水分。
❸ 建議新手用不沾鍋，先煎一面至魚片能在鍋中滑動後，再翻面煎。

2-2

3

給新手的
魚鱻烹調訣
2

免沾手就能
去除秋刀魚內臟

掃 QR Code
觀看完整影片

　　每次去除秋刀魚內臟時，你總是把洗碗槽搞得很血腥嗎？其實只要幾個步驟，不僅讓你雙手不會髒，連切魚的砧板和洗碗槽也不留魚腥味喔！準備一個舊的乾淨塑膠袋（或夾鏈袋）就能完成，以後處理秋刀魚內臟時，再也不用搞得很狼狽，料理就該輕鬆優雅！

HOW TO DO

❶取一個可以二次利用的乾淨塑膠袋（或夾鏈袋），套在砧板上，鋪上紙巾，然後放上秋刀魚，讓它立著，在胸鰭上方魚頭處下刀但不剪斷。

❷接著將魚頭往下拉，就可以拉出完整內臟。

❸抽走塑膠袋內的砧板，袋子即可打包要丟棄的內臟。

給新手的
魚蟹烹調訣
2

用筷子
快速為秋刀魚去刺

不少人不會買秋刀魚做料理的原因之一是：細刺很多，但秋刀魚明明營養價值很高又平價，而且是能做很多料理變化的魚種。

在這裡，教大家一個快速去除秋刀魚刺的小方法，只要一根筷子，就能把刺剔除，以後再也沒有不買秋刀魚來煮的理由囉。以下用烤過的秋刀魚來做示範：

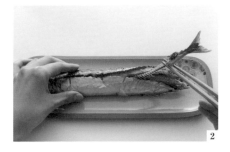

HOW TO DO

❶ 準備一根筷子，從魚頭往魚尾的方向，在魚身中間輕壓出一條裂縫。
❷ 用筷子直接夾起魚尾，由後方往魚頭方向拉起，就可快速將整排魚刺去除了。

給新手的
魚鱻烹調訣
2

再忙也能
10分鐘上菜的烤魚法

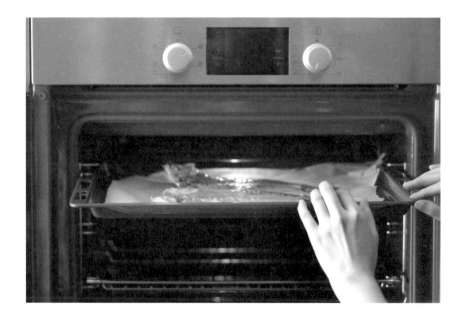

　　我覺得烤箱是快速做魚料理的一大利器，但如何利用烤箱烤出外皮酥脆香的烤魚呢？掌握幾個關鍵，想烤出像日本料理店的烤魚其實很簡單。

　　首先，在魚身表面抹鹽（鹽量約魚重量的2%），靜置10分鐘，讓魚肉稍微脫水。把魚送進烤箱前，先預熱10分鐘左右，然後在有熱度的烤網上刷一層油，再將魚放在烤箱的最上層烤網（接近發熱管的位置），這樣可讓魚皮烤得「恰恰」之外，烤熟的魚也比較不會黏在烤網上。如果還是擔心魚皮會黏網，那就使用烘焙紙，鋪紙入烤盤後再放上魚也可以。

　　而烤完魚的烤箱，放入半個已榨汁過的檸檬去味，也可用沾有檸檬汁的抹布稍微擦拭，就能避免烤箱留下烤魚味。

　　烤魚是最省事又不易失敗的料理方式，適合不擅長煮魚和沒時間做菜的人，天天在家吃烤魚，真的不是件難事喔！

給新手的
魚鱻烹調訣
2.

輕鬆去掉
透抽皮與內臟

掃 QR Code
觀看完整影片

買透抽時，通常魚販老闆不太會主動幫忙去皮和去內臟，但自己在家處理並不難，可以照著以下方式做。只要拉著透抽的頭，摳住軟殼起頭，一手往左拉、一手往右下角拉開，就能輕易地將兩者分離。

至於去皮的原因，是有時做涼拌或炸物料理時，去皮的透抽能使料理賣相更加分，而且沒有皮的透抽入鍋炸也比較不易油爆，只要利用廚房紙巾磨擦透抽表皮，就能輕易取下了。

HOW TO DO

❶左手抓住透抽頭部，找出背上透明骨的起頭。
❷右手拉出透抽頭和透明骨，左手拉住身體。
❸用力將透抽的透明骨拉出。
❹取一張廚房紙巾，磨擦透抽表皮，就可以輕易撕下。

給新手的
魚鱻烹調訣
2

魚菲力的美味煎法

　　魚菲力通常都是片狀或長條狀，若是有帶皮的菲力（例如：鯖魚片），通常都是將魚肉面朝下煎一下，再搖晃鍋身，確認不黏鍋後，就可以翻面。

　　另一種是去皮去刺魚排，因為它沒有魚皮繃著魚肉和魚刺，所以如果用煎的話，要注意別太快翻面。先等到熱度將魚肉塑型固定後，讓魚片在鍋內滑動再翻面，這樣魚肉才不會碎散不完整。

　　對了，一般煎魚時，最好將魚肉先煎到9分熟就關火，只要利用平底鍋的餘溫繼續讓魚變熟，這樣煎出來的魚肉會比較多汁。

HOW TO DO

❶倒油入鍋後，先煎魚皮那一面。
❷魚肉稍微變色後，提起鍋子試看看魚片是否能滑動。
❸確認能滑動後再翻面，只要煎至9分熟就關火，讓魚續熟成。

給新手的
魚蟲烹調訣
2

在家簡單自製
金鉤蝦乾

在南方澳的夏天，經過漁港邊可
以看到很多鋪滿金鉤蝦的曬蝦架，
因為這個時節是蝦子產季，這種特
別有海味的蝦子，就算乾燥成干，
蝦氣還是很足。

身為海港人，是很少在外面買蝦
乾的，因為手邊常有新鮮的金鉤蝦
仁，隨時都能馬上變身為蝦乾，要
吃多少，馬上現做，來源和製程都
能自己控制，而且蝦味絕對比外面
買的更濃醇香。簡單兩步驟，金鉤
蝦乾馬上做：

HOW TO DO

❶ 在碗中放入生金鉤蝦仁150g，拌入橄欖
油2大匙和海鹽1/2匙。
❷ 擺入烤盤，以不重疊的方式鋪平蝦仁，
以200度進烤箱烤20分鐘後取出。

給新手的
魚鱻烹調訣
2

PART

- 1-3 -

自製一夜干與料理變化

在日本料理店或居酒屋裡，時常可以看到「一夜干」這個詞，它是一種讓魚肉乾燥的方式，做法有很多種，能嚐到魚肉彈性和更加濃郁的滋味。一夜干在家也能輕鬆做，而且是忙碌煮婦們的加菜好幫手，更能當成誘人的下酒菜。

多變化又好應用的
一夜干

聽川爸說,在他那個年代,吃不完的魚會被曬成魚乾,所以在漁村裡時常都能看見魚乾倒掛在戶庭腳(庭院)的飄逸模樣。一遇上繁忙的漁產季節,一口魚乾就可以配上好幾口米飯,就算累到沒食慾,有這一味,保證也能吃到見碗底。

一夜干就如其名,是至少要等6-8小時的乾燥,讓鹽巴裡的氯離子滲透到魚肉裡,待水分自然排出後,這樣魚肉就會變得有彈性,另外更可以搭配調味料、油品、醋,來製作不同風味的海鮮類熟成。例如,大阪的鯖魚棒壽司、廣島的油漬牡蠣…等,都是利用鹽巴以外的調味,來進行食材熟成。

自製一夜干
與料理變化
3

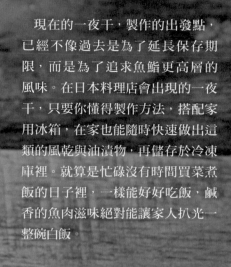

現在的一夜干，製作的出發點，已經不像過去是為了延長保存期限，而是為了追求魚鮨更高層的風味。在日本料理店會出現的一夜干，只要你懂得製作方法，搭配家用冰箱，在家也能隨時快速做出這類的風乾與油漬物，再儲存於冷凍庫裡。就算是忙碌沒有時間買菜煮飯的日子裡，一樣能好好吃飯，鹹香的魚肉滋味絕對能讓家人扒光一整碗白飯。

一夜干的做法有不少種，接下來想分享給大家三種方式，分別是醋漬、鹽漬、油漬，可以享受不同成品的風味與料理變化。

FISH RECIPE
01
醋漬鯖魚
清新風味。

我們都知道像沙丁魚、秋刀魚、鯖魚這類青背魚的油脂非常優質，富含DHA和EPA，對於活化腦力很有幫助，是很多醫生推薦多吃的魚種。但是，這些魚特別怕失溫，保存一不謹慎就很容易腐敗，所以採購時要記得檢查新鮮度。

這些魚通常都洄游在海洋的中上層，比較容易曬到太陽，所以皮下有著一層咖啡色的血肉，這就是青背魚特有的「血合肉」，所以有些對於「魚味」比較敏感的朋友會覺得這類魚肉有鐵鏽味的原因就是這樣。

料理這類魚時，建議可加上一點醋，就能去除特殊的味道，讓魚肉滋味變得清新，或像這樣直接醋漬，即使生吃，也不會覺得魚味特別重喔。

材料
【醋漬鯖魚】
去刺鯖魚…1片（約130g）
開水…200ml
鹽…1/2匙
米醋…200ml
洋蔥末…50g
二砂糖…20g

作法
❶ 先將醋漬鯖魚用的鹽、開水混合，放入整片鯖魚漬泡1小時。
❷ 取出鹽漬後的鯖魚，用紙巾按乾魚身水分。
❸ 將醋漬鯖魚用的米醋、洋蔥末、糖另外混合，再放入鯖魚片漬泡成醋漬鯖魚。
❹ 等魚肉變白後才算完全熟成，此時可以取出（若要連皮一起食用，請記得剝除鯖魚的透明皮膜）。

料理Memo
請使用日式米醋，因為香氣較濃，與鯖魚特別搭配（不建議用台式白醋）。

自製一夜干與料理變化
3

自製一夜干
與料理變化

3

FISH RECIPE

02

鯖魚
馬鈴薯沙拉

緊實 Q 彈口感。

醋漬

一夜干應用

說起來很不好意思，身為漁家兒女竟然不敢吃生魚片，是不是太不可思議了？只要和朋友提起不敢吃「刺身」，大家都很驚訝！朋友們認為海邊長大而且老爸還是船長的我，肯定愛吃生魚片，怎麼反而不敢吃呢？

不過，醋漬或表面炙燒過的魚肉，即使沒有全熟也可以大口放進嘴裡，這樣應該不能全算是不敢吃吧（笑）。

醋漬後的魚肉變得緊實，沒有直衝鼻腔的魚腥味，不管是單吃或搭配生菜，都很對味。如果你也不敢吃生魚片，用這個方式，一樣可以嚐到原汁鮮魚！

材料

醋漬鯖魚…1片（約130g）

馬鈴薯…200g

鹽…1/4匙

黑胡椒…適量

日式美乃滋…7g

無糖優格…36g

作法

❶ 馬鈴薯去皮後切片，放入電鍋蒸熟後取出放涼；剁碎醋漬鯖魚，備用。

❷ 將馬鈴薯壓碎成泥，加入無糖優格、美乃滋、鹽混合均勻。

❸ 在馬鈴薯泥上擺上醋漬鯖魚，另可撒上些許巴西利裝飾。

料理Memo

建議將醋漬鯖魚的魚皮去除，可減少青背魚的特殊魚味，這樣沙拉吃起來會更順口。

自製一夜干
與料理變化
3

FISH RECIPE
03

鹽漬四破魚

鹹香風味。

雖然生活在都市叢林裡，就算沒陽台沒後院，也能利用冰箱來做好吃的一夜干。一次多備幾尾，儲存於冷凍庫中，隨時能取出來做日式定食套餐，或夜晚聚會小酌時解饞，隨時想吃都能立刻上菜。

其實，幾乎所有的魚都適合這樣的作法，如果不會剖半切的話，用整尾也可以做，只要把鹽漬和風乾時間拉長，就沒問題囉！

材料

四破魚…4尾
鹽…50g
水…500ml

作法

❶ 洗淨四破魚，將內臟處理乾淨（或請魚販先處理）。

❷ 調製鹽水，鹽和水為1：9，調成濃度10％的鹽水。

❸ 讓四破魚靜置鹽水中約15分鐘。

❹ 取出魚，用廚房紙巾擦乾，放在通風的器皿上（底部簍空），再將容器置於冰箱冷藏室風扇處，風乾1天即完成。

自製一夜干
與料理變化
3

04

香橙
四破魚沙拉

緊實Q彈口感。

雖然鹽漬好的一夜干是整條的，但不一定要烤整條魚當主菜，可以把它當成輕食沙拉的主角。烤熟四破魚一夜干之後，隨性地剝下魚肉，混點手邊現有的蔬果，就成了一道很有日式風味的小菜，在食慾不振的夏季也能引起食慾！如果手邊沒有一夜干的話，也可以直接把魚煎好，用叉子剝下魚肉，一樣能做這道菜。

材料

鹽漬四破魚…1尾
香吉士…1顆

【醬汁】
香吉士…半顆
鹽…1/4匙
橄欖油…1/2匙

作法

❶將前一天做好的一夜干烤熟（或煎熟），用手剝下魚肉。

❷香吉士橫切後切薄片，小片大片均可。

❸將醬汁材料中的香吉士榨汁，與其他材料混勻成醬汁。

❹把魚肉和香吉士裝盤，淋上醬汁即完成。

料理Memo

使用烤箱烤魚時，建議擺放接近上方燈管的地方，這樣能使魚的表皮焦酥。

自製一夜干
與料理變化

3

油漬透抽

西式風味。

有時難免想不到晚餐要煮什麼，或是臨時需要加菜的時候，這時就能拿出常備的油漬透抽來擋一下。油漬透抽很簡單做，可以取代市售的章魚罐頭，一樣是可以放在冰箱常備的食物，即使和孩子一起吃，也不會有擔心罐頭成分的不安感。

每次製作都會刻意放大份量，炒麵時來一點，拌飯時來一匙，單吃也不錯，是非常百搭的海鮮備品，所以，忙碌的主婦，做幾瓶起來放冷藏庫吧！

材料

透抽…1隻（約250g）
大蒜…1瓣
辣椒…1根（不吃辣可省略）
橄欖油…需能淹過食材的量
鹽…少許

作法

❶ 將透抽去除內臟後，切成10塊左右。蒜去皮切片、辣椒也切片，備用。

❷ 在平底鍋內倒入少許油，慢慢將透抽炒熟，直到收乾水分為止。

❸ 取一個乾淨無水分的玻璃罐／盒，將蒜片、辣椒片、透抽隨意擺入，將橄欖油注滿，蓋過所有材料就可以。

自製一夜干
與料理變化
3

FISH RECIPE
06

油漬透抽
橘醬沙拉

橘香清爽超開胃。

我老公是一個非常重視食材功效的人，例如他會在意肉類的熱量跟蛋白質含量、蔬菜的維生素高低、水果的含糖量…等，他吃進肚的東西比女生還計較，因為他說，既然要吃，就不能隨便。

像低熱量高蛋白的透抽、有豐富的維生素C的番茄，都是他特別青睞且滿意的食材，所以我會拿油漬後的透抽來搭配生菜，就算是一盤簡單的生菜沙拉也能營養到位。

身為老婆，顧好另一半的健康很重要；選擇對的食物，讓身體得到效益也很重要。畢竟男主外女主內，先生擁有強壯體魄，才能出門打拼賺錢給太太和小孩花！（笑）

材料
油漬透抽…適量
生菜…適量
菲達起司…適量

【醬汁】
金桔…5顆
玉泰醬油…1大匙

作法
❶ 先將醬汁材料混勻，備用。
❷ 將油漬透抽、生菜擺盤，將起司捏碎撒上，最後淋上醬汁即可。

料理Memo
除了有酸度的菲達起司，也可使用無酸度的莫札瑞拉起司，依個人喜好做選擇。

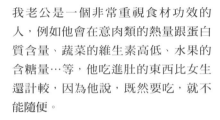

自製一夜干
與料理變化
3

PART ②

好下飯的
常備魚鱻

活用烤箱、平底鍋，把魚鱻做成超級方便的常備菜，不論你是單身上班族、忙碌的職業婦女、全職帶小孩的超人媽媽，只要學個幾道，天天都有主菜上桌，讓家人多吃個幾碗飯補充體力與蛋白質，多做一點的話，還能當成隔日便當菜喔！

FISH RECIPE 07

梅煮鯖魚

方便煮婦的常備菜。

煮 · 青皮魚

你愛喝梅酒嗎？那來做有梅子的魚料理吧！去年學了自釀梅酒後，酒瓶內剩下的有機梅捨不得丟，於是，跟年年釀酒的木村媽媽取經，詢問酒釀梅子能用於那些料理。

木村媽媽告訴我，每年鯖魚盛產期時，東京超市販售的魚價格很優惠，這時期就會煮多一點「梅煮鯖魚」。只要三樣簡單的調味料，醬油、糖、酒，和鯖魚一起燉煮，再分裝於保鮮盒內，是她家冰箱的常備菜。

等木村老爹下班，回家想喝一杯時，馬上就有下酒菜了；或一早再加熱，裝進兒女飯盒裡，就是便當主菜。木村媽媽說，煮一次卻可以應付不同家人的胃，就是煮婦必備的菜色首選！

材料

鯖魚…2片（無鹽漬，約270g）
醬油100ml
梅酒…200ml
二砂糖…50g
薑絲…20g
梅子…2-3顆

作法

❶ 鯖魚切成2塊，在魚肉較厚處劃刀花幫助入味；梅子取果肉，切細，備用。
❷ 將魚塊放入小湯鍋中，依序加入醬油、砂糖、梅酒、梅子、薑絲。
❸ 開大火煮滾後，加蓋燜煮10分鐘，之後開蓋轉小火，煮至醬汁濃稠收乾。

料理Memo

1、每種梅酒酸度不同，可依個人口味自行調整砂糖用量。
2、可用筷子測試醬汁濃稠度，沾取醬汁時不會馬上滴落的程度就是OK。

薑爆
活跳小卷

FISH RECIPE
08

粉媽漁家料理。

這是媽媽教我的小卷料理，還記得在小卷盛產時，若走一趟漁村，幾乎家家戶戶都是薑爆的做法。老媽說天氣熱，所以要吃一些薑，讓身體裡的燥氣可以透過流汗排出，又恰巧薑跟小卷一起炒，能去腥又同時提鮮，也是漁家在地的料理方式。

薑爆要收乾最後水分時，小卷皮因為接觸熱鍋，就會開始彈蹦，記得蓋上鍋蓋，因為小卷可是會跳出鍋外的喔！

炒

頭足類

材料
生小卷…300g
薑絲…15g
辣椒…1條
油…2大匙
鹽…1小匙

作法
❶ 辣椒切斜片，備用。
❷ 在平底鍋中倒入油加熱，先爆香薑絲，再放生小卷拌炒。
❸ 起鍋前，放辣椒片、鹽拌勻即完成。

料理Memo
1、使用生小卷料理時，切記不可過度攪拌，只需要搖搖鍋子，這樣小卷形狀才會完整。
2、待鍋中水分完全收乾才能關火，這樣小卷香氣才會足。

佃煮
秋刀魚

無魚刺的百搭小菜。

青皮魚

我們家有個習慣，即使是吃個湯麵或水餃都要有小菜做搭配，因此自然養成隨時都能變出菜上桌的能力，像是佃煮就是很基本的常備菜。

佃煮聽似陌生，若換個台式的說法，就是慢滷。把肉類換成魚蟲類，把調味料煮到醬汁收乾，是一種冷掉也美味的小菜做法。透過佃煮，藉由醋的酸化作用使魚骨變柔軟，是化解多刺秋刀魚最好的烹飪方式。

只要有這道菜，就算只是吃個泡麵，也能像開個罐頭那樣方便、立刻有菜配。佃煮秋刀魚時，千萬記得要多煮一些，會很容易吃完的！（笑）

材料

秋刀魚…10尾（約650g）
玉泰醬油…160ml
日本純米黑醋…160ml
紅冰糖…160g
38℃高粱酒…100ml

作法

❶ 將秋刀魚去頭去內臟，切成三段，備用。
❷ 取一個鑄鐵鍋，擺入秋刀魚，倒入醬油、純米黑醋、高粱酒、紅冰糖。
❸ 加蓋，以大火煮滾至冒出大煙後，開蓋改轉小火，燉煮40分鐘。
❹ 40分鐘後關火加蓋，讓秋刀魚續燜入味，等完全冷透再食用。

料理Memo

建議用純酒（例如清酒、高粱），不要使用料理酒（因為已被調味），這樣佃煮魚的味道能更醇香。

10

麻油辣炒透抽

濃郁麻油香氣。

頭足類

很多女生都愛吃養顏補身的麻油雞，但我卻例外，不是不愛美，只是雞湯表面的那層浮油實在讓人敬謝不敏。油到冒不出煙的熱湯，喝起來很燙口！急性子的我，總想呼嚕呼嚕大口喝完，最後常落得口舌破皮燙傷，加上我老公也是不愛喝熱湯的人，所以，我們家幾乎很少煮麻油雞湯。

但是，身體還是要顧，比方拌青菜時就會淋上一些麻油，或像這道透抽，跟平常炒三杯雞的方式一樣，只是換成黑麻油，炒出來香氣更足！配上冰冰涼的啤酒，大口大口吃比麻油雞過癮許多！

材料

透抽⋯1隻（約250g）
薄薑片⋯20g
辣椒⋯1根
玉泰醬油⋯2大匙
黑麻油⋯3大匙

作法

❶ 倒黑麻油入鍋加熱，放入薑片炒至有香氣。
❷ 將透抽放入鍋中，接著倒入醬油、切片辣椒拌炒，待透抽由透明變成白色即可關火。

料理 Memo

在無透抽皮的那面切刀花，能使炒好的透抽料理賣相更佳！

青皮魚

FISH RECIPE 11

鹹冬瓜蒸鯖魚

大男人也能輕鬆做。

如果說大同電鍋是出國留學必帶的電器,那鹹冬瓜就是必備的調味料。幾年前,陪老公去美國念書的時候,媽媽給了我這兩樣法寶,有了它們,在異鄉一樣可以吃到家常口味料理。

本來我不太會烹飪,聽老媽說,鹹冬瓜和絞肉一起混合再蒸就很下飯,或是鹹冬瓜和蔥蒜一起排列在魚肉上蒸,就很開胃。那時候,就憑著這兩道菜幫老公跟同學打好關係,老公說能完成MBA學業,鹹冬瓜功不可沒!喂!不是應該是老婆的功勞才對嗎!?

現在,老公隻身國外,我也幫他準備了一罐,就算沒有調味料,不會煮飯的大男人,只要有鹹冬瓜,隨便跟魚肉混合,也能立馬變身大廚!

材料

鯖魚…1片(約130g)
鹹冬瓜…20g
薑片…10g
清酒或高粱酒…1匙
油…1小匙

作法

❶ 在鯖魚表面劃刀花(不用切塊);鹹冬瓜切細,備用。

❷ 把薑片、細切好的鹹冬瓜排列在魚上,淋上高粱酒和食用油。

❸ 以大火蒸10分鐘即可(若用電鍋的話,外鍋倒一杯水,蒸至開關跳起)。

料理 Memo

1、如果沒有鹹冬瓜,可用破布子代替。

2、請不要再加醬油,以免過鹹。

3、不建議使用料理酒,因為酒已被調味,單純的酒才能使清蒸魚顯得更清香。

荒煮
紅燒魚頭

膠質滿滿一鍋煮。

青皮魚

大家去日本逛超市時，不知有沒有發現常有混合著魚頭、魚眼、魚鰭、魚尾的組合，放在生鮮架上販售，價格通常都很親民。

在日本，魚頭和魚尾不會輕易被丟棄，家庭主婦會用「荒煮」的方式料理這些部位，把魚頭魚眼的膠質滷出來，吃完抿抿唇，即能體驗吃到膠原蛋白的實感，而且滷得軟爛的魚頭很容易就能吃乾淨。

荒煮的煮法與調味就跟一般的日式醬煮或紅燒雷同，只是加入比較多的薑片，全部丟一鍋，煮婦（夫）們最愛這種簡單又美味的食譜，對吧!?

材料

紅甘魚頭…1個（約400g）
薑片…20g
紅冰糖…100g
高粱酒…100ml
醬油…100ml
水…50ml

作法

❶將魚頭洗淨，與其他材料一同放入鍋中，以大火煮滾後轉小火。
❷煮的時候不用蓋鍋蓋，約煮15分鐘，讓醬汁稍微收乾就可以。

料理Memo

煮的時候需注意火侯，待醬汁完全收乾前就要熄火，避免燒焦。

FISH RECIPE

13

半煎煮
紅目鰱

淡雅的紅燒滋味。

白肉魚

半煎煮是我們漁家的紅燒魚方法，烹調流程跟一般紅燒魚一樣，只是醬油用量和濃度都比較少，這樣調味才不會過重，而搶走了新鮮魚肉的鮮味。

我家習慣的煮法是先將魚的兩面煎過，再用少於一般紅燒用量的醬油，倒入鍋中燜熟。這樣的煮法，適用於白皙鮮嫩的白肉魚，例如：赤鯮魚、馬頭魚、黑喉魚…等，這一味吃了30幾年，自然變成一道不加思索就快速上桌的料理。

材料

紅目鰱…1尾（約150g）

玉泰醬油…20g（或淡味醬油）

水…50ml

薑絲…8g

油…1大匙

作法

❶冷鍋倒油，待油熱後放入薑絲爆香，接著將魚的兩面稍微煎至表皮上色。

❷倒入醬油與水，蓋上鍋蓋，以中火燜熟即可。

料理 Memo

做紅燒魚時，建議在魚背（魚肉較厚的地方）劃上刀花，以幫助魚肉較易熟透。

鬼頭刀
香炒雪裡紅

細緻的苦甘韻味。

好像是兩年前吧，在某個活動的會議上領到一個便當，裡頭配菜有雪菜炒肉末。我想起小學時便當中的雪裡紅苦味，眼角瞄見的當下，就將它撥到飯盒角落。但活動主辦人說，這雪菜是她親手醃製，配上絞肉快炒很對味，請一定要吃吃看。

好奇地嚐了一下，想不到完全不死鹹，苦甘苦甘的味道很讓人喜歡，怎麼小時候會覺得吃這種菜像在吞藥呢？從那天起，家中餐桌上便開始有雪菜的蹤跡。

最近我把鬼頭刀魚排細切成末，代替豬絞肉來炒雪裡紅。除了和飯很搭，有時吃麵也會舀上一匙，呼嚕嚕落進麵中，最後連湯都喝得精光！對了～炒義大利麵也好適合！

材料

鬼頭刀無刺魚排…2片（約250g）
雪裡紅…220g
大蒜…30g
辣椒…1條
鹽…1小匙
油…2大匙

作法

❶ 將魚排切成有點碎的小塊狀，大蒜、辣椒、雪裡紅都切成細末，備用。
❷ 在平底鍋中倒入油加熱，倒入蒜末爆香。
❸ 放入雪裡紅細末拌炒一下，倒入鬼頭刀魚肉碎。
❹ 炒到魚肉變白熟透後，放辣椒末炒一下，最後以鹽調味即完成。

料理Memo

1、切勿用食物調理機將魚肉先打碎，因為魚肉會黏在一起，會不容易炒開。
2、買雪裡紅時，建議買整把完整的，回來自己切；烹調前，用水洗去鹽分。

16

日式紅燒
石狗公

媲美餐廳經典風味。

燒

白肉魚

每次到日式餐廳必吃的「紅燒喜滋次」，有滿滿膠質與甜甜醬汁，自己吃完一整條魚，也不覺得死鹹。

日式煮法有別於台式紅燒魚，會增添砂糖和味醂；而在煮法上則省略煎魚的步驟，直接下鍋，記得將醬汁淋在沒有接觸鍋底的魚身表面，讓魚頭精華與魚皮膠質徹底釋放，這也是日式紅燒魚醬汁比較濃稠的原因。

會改用石狗公來取代喜滋次，是因為它的膠質口感與魚體外表都非常相似，只差在名字不同而已，讓你在家就能輕鬆享受到媲美高級餐廳的鮮滋味！

材料

石狗公…1尾（約250g）

薑絲…5g

二砂糖…2大匙

濃口醬油…3大匙

清酒…3大匙

味醂…3大匙

作法

❶把魚擺入鍋中，放進薑絲、倒入醬油、糖、清酒、味醂。

❷以中火煮滾後，將魚翻面，繼續加熱。

❸大約煮到醬汁稍微變濃稠，等待完全收乾即可。

料理Memo

建議可用錫箔紙做成鍋蓋，稍微壓在魚身上面，能幫助魚肉更入味而且不會鬆散。

FISH RECIPE

17
酸豆香煎
白帶魚

微酸解膩又開胃。

白肉魚

你是否有過為了某道想做的菜,而買下平時很少用到的調味料?酸豆在我們家就是這種style的配料。

看似異國料理用的食材,在充滿台式風味的廚房裡要如何使用它呢?我會用幾顆酸豆混合醬油與香料調味,淋在抹了鹽的魚肉上再煎,不但解膩也讓平常的煎魚多了一些變化。

用來當煎魚沾醬是我們家用來消耗酸豆的吃法,不曉得大家都怎麼料理酸豆呢?還真想知道大家的用法呢!

材料

白帶魚…250g
油…2大匙(煎魚用)

【醬汁】
罐頭酸豆…8g
香菜末…4g
醬油…1大匙
玄米黑醋…1小匙
橄欖油…1小匙

作法

❶ 將酸豆切碎,與香菜末一同放入碗中,倒入醬油、橄欖油、玄米黑醋拌勻。
❷ 白帶魚切塊,用廚房紙巾擦乾表面水分,在魚身劃出直條刀花,放入燒熱的油鍋中煎熟。
❸ 倒入作法1的醬汁燒一下即可關火。

料理Memo

煎魚時,一開始請用中小火,等魚快熟之前再轉至大火,這樣魚可以煎得又酥又美。

PART ③

吃原味的
迷人魚鱻

鮮度好的魚鱻，就算沒有花俏的烹調手法，也能讓人吃得津津
有味、盤底朝天！猩弟將分享煮湯、蒸烤、酥炸…等家常作
法，只要家中有基礎辛香料就能做出原味魚料理，一點也不繁
複，能讓煮婦們天天快速上菜！

FISH RECIPE

18

水煮秋刀魚
佐酸金桔醬

冷食更美味。

水煮

青皮魚

日本超市有許多海鮮類罐頭，其中就屬水煮秋刀魚口味最讓我覺得驚訝！因為秋刀油脂多又是青皮魚，不應該只用水煮吧！魚腥味會不會重到讓人難以下嚥？

在好奇心驅使之下，還是把罐頭結帳帶回家品嚐，果然，會做成商品販售的口味，的確是不用太擔心，不會臭羶難聞，肥美滋味一點都沒有「走鐘」。

所以，自己也試做了這種僅用水調煮秋刀魚的料理，烹煮時，跟佃煮秋刀魚相同，一次多備一些起來，可以儲存於冰箱當常備菜，要吃時再加熱或退冰為常溫就可以，當零嘴小菜好方便。

材料

秋刀魚…10尾（約650g）

清酒…150ml

水…150ml

鹽麴…120g

【醬料】

金桔…10顆

橄欖油…1/2匙

鹽…1/4匙

作法

❶ 先做醬汁，將金桔榨汁於碗中，倒入橄欖油、鹽混勻，備用。

❷ 將秋刀魚去頭去除內臟，洗淨。

❸ 在鍋中擺放秋刀魚，倒入水、清酒、鹽麴，以中火將魚煮熟。

❹ 撈起熟透的秋刀魚，淋上作法❶的醬汁即可食用。

料理Memo

水煮和佃煮秋刀魚時，需事先清除魚頭和內臟；若是烤、煎的話，就不用去除，可直接烹調。

19

銷魂蝦香蛋炒飯

高蛋白補充體力。

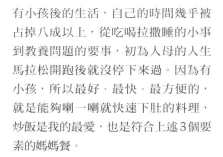

有小孩後的生活,自己的時間幾乎被占掉八成以上,從吃喝拉撒睡的小事到教養問題的要事,初為人母的人生馬拉松開跑後就沒停下來過。因為有小孩,所以最好、最快、最方便的,就是能夠喇一喇就快速下肚的料理,炒飯是我的最愛,也是符合上述3個要素的媽媽餐。

同意育兒專家「要有快樂媽媽才有快樂小孩」的理念,所以煮飯時就會加上自己喜歡的食材,炒蛋炒飯時放一些蝦子,補充蛋白質和鋅,是給消耗體力的母親最為天然的營養補給品。

使用蝦頭是讓整盤炒飯飄香的關鍵,建議炒飯之前,先爆香蝦頭再下料,就能炒出香氣十足的飯,讓家務繁忙的媽媽或工作壓力大的爸爸食慾大開。

材料

白蝦…200g	玉泰醬油…2大匙
蒜末…10g	白胡椒粉…1/4小匙
蔥末…10g	冷白飯…150g
雞蛋…1顆	
油…3大匙	

作法

❶ 將白蝦洗淨,並剪下蝦頭,備用。

❷ 在鍋中倒入油燒熱,放入蒜末先炒香,再放入蝦頭爆香至油冒出泡泡,待有香氣後取出蝦頭。

❸ 將雞蛋打入鍋中,直接用鍋鏟攪碎。

❹ 倒入冷白飯,拌炒至飯粒鬆鬆的狀態。

❺ 放入蝦身,加醬油、白胡椒粉,炒熟蝦子後再放蔥末拌炒一下即可。

料理Memo

炒飯時,油要下的比平常炒菜的量還要多,這樣飯粒比較分明。

FISH RECIPE
20

豆乳紅目鰱
味噌湯

冬日裡的療癒一品。

煮

白肉魚

如果沒有認識好友－木村媽媽，真不知道原來豆漿可以入菜。日本人用豆漿做料理的方法還不少，例如：豆漿和優格一起打成的美乃滋，可以當成沙拉醬；還有第一次喝到加了豆漿煮的味噌湯，濃濃豆味和蔬菜、魚肉融合在一起，一點都沒有違和感。

天氣轉涼時，就會忍不住想起這道記憶中的湯，這時我會選用紅目鰱來煮。因為紅目鰱刺少、魚肉又沒有明顯魚腥味，將煎過魚的油接著煎香豆腐，再直接倒入豆漿，一鍋到底，就能將魚香豆香滾出濃郁滋味。

喝下碗裡最後1/3的湯時，拌入少許辣椒醬，瞬間轉換成鹹香辣的台式口味，會讓人想用舌頭把碗舔得乾乾淨淨的！

材料

紅目鰱…1尾（約150-200g）
水…200ml
原味無糖豆漿…300ml
味噌…1小匙

作法

❶ 選擇較大的平底鍋，倒入少許油，以中火加熱，將紅目鰱放入鍋中，煎一下魚的兩面（不用在意有沒有熟），只要魚體能在鍋中滑動就翻另一面。

❷ 將豆漿、水與味噌拌勻，倒入鍋中，待紅目鰱煮熟即可關火。

料理Memo

烹飪前，不要去除紅目鰱的魚皮，這樣魚肉甜味才不易流失。

PART3 吃|原|味|的|迷|人|魚|蟲   107

香酥馬頭魚佐五味醬

酥香吮指滋味。

白肉魚

炸

拜拜這件事對我們家來說,就像吃飯一樣,是一件必要的事情,老媽每天對著神明禱念,從祈求小孫子健康長大、漁貨滿載、工廠大小事順利平安,每次沒有說個3分鐘是無法結束的。每逢過節,拜拜用的貢品更是不可或缺,老媽會先將魚入油鍋酥炸,再搭配雞豬就是隆重的牲禮。對長輩而言,「青操」的供品,是對媽祖愛敬的一種表現。

每次拜完的豐盛貢品,當然還是進了我們的肚子裡。老媽總熟稔地將冷掉的魚回鍋快炸幾分鐘,等熱了就裝盤,再蘸上特調的五味醬,馬上搖身一變成為最受歡迎的人氣菜色。

材料

馬頭魚…1尾(約400g)　　　油…100ml(炸魚用)

蒜末…10g　　　　　　　　醬油膏…1大匙

薑末…20g　　　　　　　　黑醋…1/4匙

甜辣醬…2大匙　　　　　　地瓜粉…適量

作法

❶ 在平盤中倒入地瓜粉,將馬頭魚兩面沾上粉。

❷ 將蒜末、薑末與甜辣醬、醬油膏、黑醋拌勻。

❸ 備一油鍋,放入沾粉的魚,炸至熟透且兩面金黃。

❹ 將作法❷醬汁淋在煎好的魚上享用。

料理Memo

1、沾地瓜粉再油炸,不僅可提高魚皮脆度,也易使魚身定型,以保有完整頭尾。

2、如果買到的魚比較大,也可切塊再炸。

FISH RECIPE

22

清酒蒸烤
石狗公

賣相大方的全魚料理。

蒸烤

白肉魚

平時如果有朋友來家裡吃飯，我很喜歡用「蒸」的方式來烹飪魚，原因是避免煎烤的油煙味，賣相看起來大方，是最簡單又一定成功的全魚呈現方式。

通常，我會搭配烘焙紙，把魚包起來再用烤箱蒸烤，上菜前，表面撒上些許青蔥，就有餐廳級的專業賣相，不管是朋友聚會或宴客都不失禮。

材料
石狗公…1尾（約250g）
薑絲…10g
蔥末…10g
清酒…50ml

作法
❶取一個盤子，鋪上烘焙紙，放進石狗公、加入清酒、薑絲、蔥末，然後將烘焙紙的兩邊重疊，就像包糖果的方式，把紙的兩側捲緊。
❷進烤箱，以180℃蒸烤15分鐘後取出。

鹽烤風味
紅目鰱

忙碌媽媽的快速菜。

烤

白肉魚

如果你沒有時間，但又要煮飯，那就烤條魚吧，這樣整個晚餐就很「青超」！

當孩子還小的時候，要煮一頓飯並不困難，可是到了2、3歲就沒有那麼簡單，因為長大的他們需要活動消耗體力，只是一般學齡前的課程，也都需要媽媽一起參與，所以常跟女兒玩到晚餐時間前的最後一刻才回家。

到家後為了能快速開飯，我習慣出門前先把魚抹鹽並放在冷藏室、白米洗好放電鍋。回家後按下電鍋開關、把魚送進烤箱，接著帶小孩進浴室洗澡、換好乾淨衣物的同時也可以開飯了。

阿嬤常說：有本事生（小孩）就有本事帶小孩，意指當了母親後，什麼事情都自然會有辦法，玩到沒時間了但照樣準時開飯，為母就會變強是真的啊！

材料

紅目鰱…1尾（約200g）
鹽…1/2匙
橄欖油…1大匙

作法

❶ 將鹽抹在魚身的兩面，淋上橄欖油。
❷ 在烤盤上鋪烘焙紙、放上魚，進烤箱，以250°C烤15分鐘後取出。

料理Memo

建議烤魚時，將烤箱調到最高溫，把魚放到烤箱上層以接近火源，這樣魚皮就可以烤得比較金黃香酥。

FISH RECIPE
24

日式高湯
清蒸馬頭魚

簡單煮就有高級感。

蒸

白肉魚

高湯包一直是我廚房必備不可或缺的備品，不管是煮火鍋、鹹粥、烏龍麵、蒸蛋、蒸魚，通通可以派上用場。我習慣直接用熱水泡上一壺，放涼了置入冰箱，料理要用時，隨時能添加一味。

用昆布高湯蒸魚，能快速讓魚有高雅日式風味。這個意外的發現，其實是有次剛搬完家，冰箱還沒有任何食材，冷凍庫只有魚，直接沖了高湯和魚一起放電鍋。沒想到蒸出來的魚很有高級感、口味超滿意，做法更有如泡麵般簡單。

萬一家裡臨時沒有食材時，就讓高湯包來表現，它能包辦許多菜色，就算沒有調味料也能上一桌好菜。

材料

馬頭魚塊…200g
日式柴魚高湯包…1包
橄欖油…1/4匙

作法

❶用熱水沖高湯包，靜置放涼（我用的高湯包是兌上500ml的水沖泡，但若用來蒸魚時，會改用250ml水沖泡，請依包裝說明加入適當水量）。
❷將馬頭魚塊，放入深皿中，倒入250ml高湯、淋上橄欖油，放電鍋蒸熟（外鍋1杯水，約120ml）即可。

料理Memo

1、蒸魚時，淋上一點食用油，會讓魚肉和醬汁更融合。
2、建議選用稍大的容器，然後高湯注入約7分滿，因為經過加熱後，魚肉還會繼續釋出水分。

紅甘魚片皮蛋湯

阿珠姨的手路菜。

青皮魚

老家的漁村有間媽祖廟，那裡是我們討海人的信仰中心，村子裡若有大小活動，都是在廟庭舉辦，平常男人們出海時，家中的大媽大嬸就會聚集在這開槓。

這些阿姨們會在廟裡的廚房開伙，大家一起吃飯，既不孤單也能省去一個人料理的麻煩。有時候我回家，沒見到老媽，就知道她一定是在媽祖廟那裡煮飯和吃飯。

也因為這樣，回老家時，反而希望老媽沒煮飯，從廟裡端飯菜回來，趁機嚐嚐別人家的媽媽味！有次阿珠姨煮的紅甘魚皮蛋湯，就是不會出現在我家的口味。難怪～歐巴桑們都喜歡鬥陣呷奔，藉此互相交流自家手路菜，這樣各家餐桌就能源源不絕再上新菜啊！

材料

無刺紅甘魚片…130g	薑絲…10g
清酒…15ml	白胡椒粉…1/4匙
皮蛋…2顆	鹽…1/2匙
香菜…20g（摘掉葉子）	油…1大匙
蛤蜊…數顆	清水…1000ml

作法

❶ 先處理魚片，將白胡椒粉、清酒倒在魚片上，稍微醃一下。

❷ 取出魚片，用廚房紙巾擦乾，兩面沾取少許太白粉。

❸ 備一熱水鍋，放入魚片燙熟，取出備用；皮蛋去殼並切成舟狀。

❹ 接著製作皮蛋湯，在鍋中加入油，先爆香薑絲，再倒入水煮沸後，加蛤蜊。

❺ 放入作法❸的魚片，加入香菜莖、皮蛋煮沸後，放入鹽調味即完成。

料理Memo

1、如果不喜歡鬆散的魚片，可先裹上太白粉定型；若是魚塊的話，即使不沾粉也沒關係。

2、除了紅甘，可換成其他白肉魚，例如：石斑、石狗公……等這類耐煮湯的魚種。

FISH RECIPE

26

香蒜
蒸黑喉魚

沒時間的10分鐘料理。

這道菜沒什麼特別技巧，只要把辣辣
嗆嗆的蒜頭擠在魚肚裡，然後蒸10-15
分鐘，這道菜就完成！

有一次，冰箱食材只剩蒜頭的情況下，
塞了幾顆在魚肚，連同洗好的米，一
起按下電鍋煮。幫小孩洗完澡後、換
好衣服的同時，好吃的晚餐也一併上
桌了。

原形原味的食材，什麼都不加最好吃，
細膩的魚肉和黏口的膠原蛋白，吃得
一清二楚，真的是真的，不信嗎？試
試看你就知道囉！

材料

黑喉魚…1尾（約250g）
大蒜…10瓣
（請視魚的大小調整數量）
清酒…1/2匙
玄米油…1/2匙

【淋醬】
蒔蘿…少許
玉泰醬油…1小匙

作法

❶ 在黑喉魚肚裡塞滿帶皮的大蒜；蒔蘿洗淨
切碎，與醬油混合，備用。

❷ 取一個盤子，放上魚，淋上清酒和玄
米油。

❸ 放鍋中蒸15分鐘，蒸熟後淋醬享用。

FISH RECIPE

27

石狗公薑絲湯

粉媽傳家魚湯。

煮

白肉魚

小時候的夏天，我常跟弟弟去海邊釣魚，一去就是一個下午，那時候我們最常釣到的魚就是石狗公和石斑魚。這類習慣在底部棲息的海魚，生長在礁岩圍繞的環境，並不好釣。所以，若是魚鉤不勾到岩石、又能順利釣起牠們的話，那天就是岸邊最驕傲的小釣手。

老媽常把我們釣到的魚，用一點薑絲爆香煮成湯，魚肉口感Q彈、膠原蛋白豐富的石狗公，看似簡單煮，卻再好喝不過了。

現在，只要是想喝魚湯，我還是會煮這道薑絲魚湯，因為最能喝到魚的原始風味，也是最容易方便的料理。

材料
石狗公…1尾（約250g）
薑絲…6g
蔥末…6g
麻油…1/4小匙
水…350ml
油…1大匙

作法
❶ 在鍋中倒入油，先爆香薑絲。
❷ 爆香後倒入清水，水的高度需能淹過魚身。
❸ 水滾後放入石狗公，再次煮滾後，轉小火煮約2分鐘。
❹ 起鍋前，撒一些蔥末、淋上麻油即可關火。

料理Memo
要煮清湯之前，建議先用熱水沖燙魚身表面，以去除腥味並減少煮湯時的泡渣，使湯更清澈。

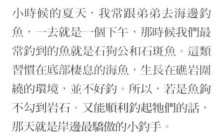

雪菜白帶魚湯

甘甜微鹹好滋味。

煮

青皮魚

有一次老爸的漁船進港，我去堤岸邊看漁貨的卸裝作業，跑到船長室裡，發現駕駛舵的桌上放了什錦炒麵和雪菜瓜仔魚湯，有澱粉、有蛋白質很營養，只不過，我從沒想到要用雪菜來煮魚湯。

那天一直忙到午後一點，大夥兒滿身是汗的找時間吃飯，我想，那碗湯一定讓餓過頭又疲勞的船員胃口大開，總鋪師會搭配雪菜來煮魚，一定是要讓大家比較有食慾、多吃些，才有力氣繼續下午的作業。

回家後，憑著直覺重現雪菜魚湯，那湯頭有點苦、有點甘、有點鹹，真的很開胃。我想每個負責煮飯的人，除了烹飪技巧外，敏銳觀察力也是重要的調味料，適時端出來的料理才會這麼療癒人心啊！

材料

白帶魚…200g
雪裡紅…90g
蒜末…8g
水…500ml
鹽…1/2小匙
油…1大匙

作法

❶ 在鍋中倒入油，先爆香蒜末。
❷ 待蒜香出來後，放切碎的雪裡紅拌炒。
❸ 倒入水，煮滾後放入切塊的白帶魚。
❹ 等白帶魚也煮滾後，轉小火再煮約2分鐘，起鍋前以鹽調味即可。

料理Memo

放入白帶魚塊後，請不要過度攪拌，以免魚肉破碎散落。

PART ④

辣過癮的
開胃魚蟹

活用烤箱、平底鍋，把魚蟹做成超級方便的常備菜，不論你是
單身上班族、忙碌的職業婦女、全職帶小孩的超人媽媽，只要
學個幾道，天天都有主菜上桌，讓家人多吃個幾碗飯補充體力
與蛋白質，多做一點的話，還能當成隔日便當菜喔！

每天吃魚對我來說，就像每天吃飯那樣理所當然，直到遇見我的另一半，才知道原來不是每個人都天天吃魚，更難相信有人不喜歡吃魚。

為了讓不愛吃魚的老公開口吃魚，當然得要迎合口味喜好，特意把魚料理做成泰國風味，只要魚露加上檸檬汁，他就能吃掉一整尾魚。其實沒什麼訣竅撇步，只要選擇適當的魚種，再加上平常烹煮肉品用的調味，如此一來，料理魚就等同料理雞肉、豬肉那樣簡單，自由變化口味。如果愛吃泰國菜，就把魚煮得酸酸辣辣；愛吃辣味快炒，就拌上大把的蔥薑蒜和辣椒，快火和透抽一起炒，絕對香氣逼人！

在我家餐桌上，就是用辣得過癮的開胃魚蠶，讓家人們自然而然吃魚，進而愛上吃魚，現在老公都會主動開口說要吃魚料理呢！

FISH RECIPE 29

韓式辣醬燒鯖魚

濃郁辣醬香。

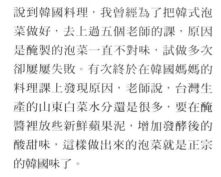

說到韓國料理，我曾經為了把韓式泡菜做好，去上過五個老師的課，原因是醃製的泡菜一直不對味，試做多次卻屢屢失敗。有次終於在韓國媽媽的料理課上發現原因，老師說，台灣生產的山東白菜水分還是很多，要在醃醬裡放些新鮮蘋果泥，增加發酵後的酸甜味，這樣做出來的泡菜就是正宗的韓國味了。

不過，在製作泡菜後，會剩下大半盒韓式辣醬，這時候，利用方便現成的辣醬來醃製鯖魚或是白帶魚，馬上就能再多變出一道韓味料理。

材料

去刺鯖魚…1片（約130g）	韓式辣椒粉…1匙
韓式辣醬…2大匙	柴魚高湯…150ml
薑泥…10g	高粱酒…50ml
鹽…1/2匙	水…100ml
二砂糖…2匙	青蔥…1根

作法

❶ 將鯖魚切成兩塊，把辣醬和薑泥、鹽混合後抹在魚身兩面，靜置5分鐘。

❷ 在有點深度的鍋中倒入高湯、水、酒、辣椒粉、糖、醬油，再放入切成末的青蔥，最後放魚片。

❸ 以小火煮到醬汁變濃稠後，即可關火。

料理Memo

使用高粱酒，能幫助魚肉去腥提味。

泰開胃辣炒小卷

快手一喇酸香辣。

還沒有小孩前,每星期跟老公約會必吃泰國菜,兩個人可以點到五菜一湯,屢次都讓服務生出聲提醒,是不是點太多了?但是泰國人投胎的我們,還會order甜點,等摩摩碴碴吃完才算完美Ending。

其中,辣炒牛肉是必點的定番料理,不愛番茄入菜的我,真心覺得這道番茄加的真好,鹹酸甜恰到好處,還有九層塔,就像泡菜配臭豆腐,少了誰都不行,總讓正在執行澱粉控制計畫的我們舉白旗投降,一口接一口、立刻就能扒完一大碗白飯,可惡!

但有了女兒後,吃泰國菜的次數就被嚴格限制了…因為週週簽到的話,寶貝就要寄去給阿嬤養。但是,生活還是要過、品質還是要顧,活用小卷與不變的配料,快手一喇,登登登~另外3週勒緊褲帶的小日子,我們都靠辣炒小卷來滿足口腹之慾!

材料

生小卷…1盒(約300g)
蒜碎…30g
小番茄…150g
辣椒…1根
新鮮檸檬汁…2大匙
魚露…1大匙
九層塔…20g
油…2大匙

作法

❶ 冷鍋倒入油,加入拍碎的大蒜爆香,但注意不要焦。

❷ 待蒜香味出來後,放入切半的小番茄,稍微壓碎拌炒。

❸ 放入生小卷,輕輕搖晃鍋子就好,不要過度拌炒。

❹ 待醬汁大滾並稍微收乾,再放入魚露和九層塔拌炒。

❺ 起鍋前,倒入切段辣椒、檸檬汁拌勻即完成。

料理Memo

1、建議使用圓形、有酸度的小番茄,而不是長形又很甜的那種。

2、起鍋前才倒入檸檬汁,更能顯現酸味和香氣。

FISH RECIPE
31
青蔥酸辣蒸烤鬼頭刀

15分鐘清冰箱料理。

蒸烤

青皮魚

我是個很喜歡吃蔥的人，尤其蒸魚時配上一大把蔥末，吃起來真的很過癮！這道菜算是清理冰箱剩餘辛香料的料理，你可以用青蔥或香菜替代。如果有時候買到不甜的小番茄，也都可以切碎碎、撒在魚排上，蒸一蒸就成了上得了檯面的美味料理。

愛吃蔥的人，可以嘗試每次搭配不同的魚種來做這道菜，會有不同風味喔！

材料

鬼頭刀去刺魚排…1片（約250g）

蔥…1根

辣椒…1根

魚露…1大匙

檸檬…1顆

醬油…1大匙

油…1大匙

作法

❶ 將蔥切細末、辣椒切末，檸檬榨汁，備用。

❷ 取一張烘焙紙，放上鬼頭刀魚片，再依序放上蔥末、辣椒末，淋上魚露、檸檬汁、醬油、油。

❸ 將烘焙紙往內摺，收口捲好，送進烤箱以180℃烤15分鐘即可取出（烤箱溫度和時間請視自家的烤箱功率調整）。

32

醬味香辣
乾燒蝦

吮指辣夠味。

在美國陪老公伴讀時，經常上桌的海味就是用很多的醬油、大蒜、乾辣椒一起拌炒的乾燒蝦。想要在偏遠又不靠海的大學城買到活蝦，根本是不可能，所以買的蝦子大多是已去頭去殼加上包冰的蝦仁，就會像這樣使用比較重的調味來料理。

但在台灣，隨時可以買到品質很好的白蝦，整隻下鍋翻炒，即使下了很重的醬料，還是可嚐到很鮮美的蝦甜味，啊，住在海島還是比較幸福的。

材料
白蝦…200g
高粱酒…1大匙
油…1大匙
辣椒…半根
蒜末…20g
檸檬片…5g
醬油…1大匙

作法
❶ 在鍋中倒入油燒熱，放入蒜末先炒香。
❷ 放入白蝦拌炒一下，倒入高粱酒與切末的辣椒。
❸ 倒入醬油，拌炒至收乾湯汁，起鍋前放入檸檬片即可。

料理Memo
亦可用無鹽奶油替代食用油，然後不放醬油煮，這樣就能變成不同風情的檸檬蝦。

泰式
酸辣赤鯮

運用香料做泰味。

白肉魚

每週六是我們家唯一不開伙的日子，這天我們會去外面餐廳吃飯，一個月有3次週末是吃泰國餐廳。我經常覺得我老公一定是泰國人投胎轉世，不然怎麼這麼愛吃泰國菜呢!?

剛認識我先生的時候，常常想要展現廚藝，喜歡用酸辣口味擄獲他的胃。這道菜其實很簡單，先將魚煎熟（或烤熟），再淋上魚露、加些辛香料，就很有泰國味了。這樣簡單的調味與魚做搭配，竟讓不愛吃魚的他可以啃掉一條。

這是能讓普通煎魚或烤魚，快速換口味又不會累死煮婦的泰味料理。

材料

赤鯮…100g（切塊，或整尾）
油…2大匙

【醬汁】
小番茄…數顆
香菜…1把
魚露…2大匙
檸檬…1顆

作法

❶ 將小番茄切半再切半、檸檬榨汁，用廚房紙巾擦乾魚身水分，備用。
❷ 將小番茄、香菜、魚露、檸檬汁放入碗中拌勻成醬汁，可調整成自己喜愛的鹹度與酸度。
❸ 備一油鍋，等油鍋起泡泡時，放入魚油炸（或煎）至熟後取出，淋上調好的醬汁即可享用。

料理Memo

1、建議在魚肉較厚的地方先切上刀花，再下鍋煎，比較容易熟透。
2、乾煎前，請確認魚肚內的水分也都擦乾，以免油爆。

FISH RECIPE
34

辣炒豆瓣海鱺魚

鹹鹹辣辣好下飯。

沒有時間煮飯又煮菜的時候，這道菜通常就會出現在我們家餐桌上，因為同時有菜又有魚，光是這一盤拌飯，也吃得十分滿足啊！

川爸以前的小漁船曾經也過延繩釣時期，那時候媽媽經常要半夜起床幫忙，將深夜入港的新鮮魚獲送往基隆崁仔頂，通常回家時都已經是早晨6、7點，沒有時間替我們準備早餐的母親習慣性會買一袋熱豆花給我們當早餐，緊接著開始處理老爸自留要吃的魚獲，再趕著煮上一餐，又要做出港前的鉤魚餌的工作。

那時候午餐的料理中經常會出現這麼一道下飯的魚，不知道是不是因為老媽熬夜沒胃口？還是老爸喜歡吃辣？鹹鹹又辣辣的味道，也能讓挑嘴又挑食的我續上第二碗白飯。

材料

切塊帶骨海鱺魚…1尾（約250g）

蒜末…10g

清酒…1大匙

豆瓣醬…1大匙

醬油…1大匙

玄米油…2大匙

生辣椒…1條（可不加）

作法

❶ 將玄米油倒入鍋中加熱，放入蒜末爆香。

❷ 接著將魚塊倒入，加入豆瓣醬拌炒至稍微上色。

❸ 倒入清酒，稍微攪拌一下，讓酒精揮發。

❹ 最後倒入醬油、切片的生辣椒，拌炒至醬汁收乾即完成。

料理Memo

玄米油也可換成其他食用油。

麻婆鱈魚豆腐燒

讓人多添飯的良伴。

白肉魚

燒

這原本是從日本料理書上看到的食譜，原書裡的做法是把鱈魚放在另外一個鍋裡炸過，再與麻婆醬料混合，是一道很下酒的菜色。

不過，我將它改成家人愛吃的版本，以台式麻婆豆腐的煮法，用鱈魚替代豬絞肉，放膽拌炒，別害怕魚肉不完整。細碎的鱈魚和醬汁融合，這樣淋在白飯上才能大口扒著吃，也省去另起爐灶需把魚炸好定型的步驟。

對於愛吃辣、愛吃魚的我家來說，這道簡直是天菜！

材料

鱈魚…1片（250g）	醬油…15ml
嫩豆腐…1盒	玉兔黑醋…1/2匙
豆瓣醬…2大匙	花椒粒…1/2匙
蒜末…30g	油…2大匙

作法

❶ 將鱈魚退冰並用湯匙刮下魚肉、豆腐切小塊，備用。

❷ 在鍋中倒入油加熱，先爆香蒜末，再倒入豆瓣醬炒香。

❸ 倒入醬油，將醬汁煮滾後，放入鱈魚肉和豆腐塊。

❹ 起鍋前，倒入黑醋、撒上花椒粒拌勻，讓醬汁稍微收乾即可關火。

PART ⑤

多變魚蟲
與
療癒小食

魚只能拿來煮湯、乾煎嗎？猩弟最擅長設計新吃法，讓魚蟲素
材變成療癒系的宵夜與炸物小食、快速便利的烤箱料理，或把
魚肉絞碎做變化或醬料…等，魚蟲料理也可以很有新意，別為
自己設限太多！

不設限，
讓魚料理變得更有趣

　　有朋友跟我說過，他們家都只吃鱈魚或鮭魚，問他為什麼？原來是因為不知道其他魚怎麼煮？這也是許多人遇到的問題。

　　魚在我們家就等於牛羊豬雞這些肉類，平常翻閱食譜時看到肉類料理，我就會自動尋找名單內可以用來取代的魚種。比方，看到牛肉漢堡排，在腦海裡閃過的魚種，有飛烏虎魚、鯖魚、竹莢魚…等，這些平常會被製成魚丸的原料，就可以拿它們來做魚肉漢堡排。

　　又或者，看到炸雞柳條的話，就會聯想一下哪些魚吃起來有雞肉口感，或是適合用來醃漬再裹粉油炸的特性。還有，平常如果冰箱裡剛好沒有豬絞肉來炒雪裡紅，就把冷凍庫裡的鬼頭刀魚排切成小塊狀，就能炒一盤口感類似的開胃小菜了。

　　不要把魚當魚，就能蹦出新吃法！不要設限魚只能做乾煎來吃，別說是魚，就算是好吃的牛排，也都會吃膩的！

36

鯖魚薯香田園風味烤

青皮魚

有魚有菜的烤箱料理。

有一陣子,女兒很不愛吃飯,擔心的帶她去醫院檢查。那時候,醫生的一句話,點醒了媽媽的迷思:「地瓜、馬鈴薯、蓮藕都是很棒的澱粉類,不一定得吃米飯不可」。從那時候起,我就不會特意非要小孩餐餐都得吃米才算有吃飯。

剛好,小朋友滿喜歡吃根莖類,這道鯖魚甘藷田園風味烤,就是隨意切些地瓜、馬鈴薯、紅蘿蔔,簡單調味後加上無刺鯖魚入鍋烘烤。上桌後,小孩自己就能輕鬆地吃掉一整盤,媽媽也不用板起撲克臉逼小孩吃飯,用餐氣氛自然變愉快。

這樣烤出一盤有魚又有菜的料理,不僅簡便了媽媽的料理工序,也照顧到小朋友的營養,豐富又快速。如果,你家也有不愛吃飯的小鬼,很推薦你用這道料理來試試看喔!

材料

去刺鯖魚…1片(約130g)　　鹽麴…1大匙
馬鈴薯…40g　　　　　　　橄欖油…1大匙
紅蘿蔔…40g　　　　　　　味噌…1匙
小番茄…數顆
綠花椰…數朵

作法

❶ 將根莖類全部洗淨去皮,切薄片;綠花椰切小朵;鯖魚切成4-5塊,備用。
❷ 取一個烤盤,排入所有蔬菜,加入鹽麴和味噌,淋上橄欖油。
❸ 整盤進烤箱,以200℃烤16分鐘後取出。

料理Memo

1、烤箱不需要預熱,放在稍微接近烤燈的位置,能幫助魚皮烤得金黃焦香。
2、除了根莖類,也可以自由替換成喜歡的蔬菜。

竹筴魚漢堡排

完全不加麵粉。

青皮魚

煎

以前粉媽一個人帶三個小孩，除了家務事，還得幫忙川爸處理進港後的魚貨買賣事務，好像沒有一天悠閒。每次進廚房都是為了張羅三餐，那種母女同樂的親子料理時光，我們都沒有一起感受過。

這個魚漢堡排，是我讓女兒動手體驗的料理之一，也是我們經常做的家常菜。有時午後懶得外出，就是靠著捏捏整整漢堡排形狀，消磨小惡魔在家的時光，也滿足她什麼都想自己做、卻做得不怎麼好的小小成就感。

現在粉媽當了阿嬤，日子也變得清閒，三不五時會帶著布拉魚，一下捏麵疙瘩、一下洗愛玉、一下又炒麵條，好多種祖孫情的嬤孫料理，很常在我們家餐桌上演呢！

材料

【魚肉漢堡排】
竹筴魚…2尾（約250g）
薑泥…8g
蔥末…8g
橄欖油…1匙
醬油…1匙

【醬汁】
濃口醬油…1大匙
二砂糖…1大匙
番茄醬…1大匙

作法

❶ 片下竹筴魚肉，變成4片（可做兩塊漢堡排），再用魚刺夾去除魚刺，並用菜刀刮下魚肉（魚皮不使用）。

❷ 用刀子將刮下的魚肉來回剁成有黏性的魚肉泥，放入碗中（魚肉含有很多的膠原蛋白，不需麵粉增加黏性）。

❸ 放入蔥末、薑泥、醬油、橄欖油，拌合混勻。

❹ 將魚肉塑型成兩個漢堡排，雙手來回重複丟擲魚肉至成形。

❺ 倒入少許油入平底鍋，以小火將魚漢堡肉兩面煎約2分鐘至表面焦黃。倒50ml水入鍋，蓋上鍋蓋，以小火將漢堡排燜約3分鐘至熟後取出。

❻ 原鍋不用洗，倒入醬油、番茄醬和砂糖，與鍋裡湯汁煮沸變濃稠，淋在漢堡排上即可。

料理Memo

1、對於魚味比較敏感的人，去除魚皮再製作，能減少魚特有味道。如果沒有魚刺夾，就用金屬湯匙刮除魚肉。
2、製作份量多時，可改用食物調理機來打魚肉泥。

FISH RECIPE

38

金鉤蝦乾
佛卡夏

濃郁蝦味越嚼越香。

烤
蝦

去年舉辦小卷季，邀請Léa老師為我們
示範料理，她做的小卷佛卡夏實在讓
大家又驚又喜，因為沒有人想過把卷
兒拿來做麵包，著實跟活動名稱「驚豔
小卷」非常呼應！

從那次之後，每次要做佛卡夏，時不
時就想拿海鮮來搭配，像這個金鉤蝦
乾，就是亂搭之後變成意外對味的金
鉤蝦乾佛卡夏！

註：麵團配方出自Léa老師

材料

【餡料】
烘乾的金鉤蝦仁…20g
大蒜…4瓣
油漬小番茄…4顆

【麵團】
高筋麵粉…400g
橄欖油…50ml
二砂糖…16g
酵母粉…1/2小匙
水…250ml
鹽…1/2小匙

作法

❶取一大碗，倒入麵粉、水揉成團，放入冰
箱發酵一夜。

❷大蒜去皮磨成泥、油漬小番茄切碎，與金
鉤蝦仁混合拌勻。

❸取出麵團，展開收圓並放置40分鐘，待麵
團回溫發酵後，表面淋上一點橄欖油，均勻
鋪滿烤皿。

❹用手指在麵團上按壓出數個小洞，塞入作
法❷的蒜味番茄金鉤蝦。

❺烤箱預熱至180度，進烤箱烤20分鐘後
取出。

鯖魚培根卷

不用油也肥美動人。

除了金鉤蝦佛卡夏，Lea'老師還有一道創意料理，就是巧妙運用培根提升台灣鯖魚的油脂度，這兩種看似相關性很低的食材，卻結合得天衣無縫。

更從老師分享的料理課當中，認識到孜然能與鯖魚融於一爐，巧妙化解了鯖魚的特殊魚味，其實平常家中常煮的咖哩裡，就含有這味香料。淋上咖哩再添盤白飯，立即變身成有別於一般肉類的咖哩飯定食。

做菜就是要像老師一樣，不要侷限食材屬性，隨時加上新意，就會有滋有味、讓人驚豔！

材料
去刺鯖魚…1片（約130g）
豬培根…6片

作法
❶ 將鯖魚直切成3條，備用。
❷ 以螺旋方式，用培根將鯖魚條包起來。
❸ 以180°C進烤箱烤18分鐘後取出，可單吃或搭配咖哩飯一起享用。

料理Memo
1、可用豬五花替代培根，但請適量加入鹽巴，以增加鹹度。
2、烤熟後的鯖魚卷可搭配其他沾醬。

FISH RECIPE
40

偷吃步
酥炸鯖魚

深夜裡的療癒小食。

青皮魚

前陣子很流行的日式炸雞粉，我也有買，用在魚肉上，比炸雞還好吃！忙碌的媽媽們偶爾運用這類調味粉「省時」一下，就能做出深夜食堂般的美味慰勞自己。

當了母親3年3個月的週末夜，每一晚都是在家渡過，如果沒有炸物來紓壓，一定撐不到現在。先將去刺鯖魚切塊，混入炸雞粉後靜置10分鐘再入鍋酥炸，一盤撫慰人心的日式酥炸魚就完成了，配上「畢魯」，不能外出放鬆的日子裡都靠這一味滿足！

材料
鯖魚1片…（約130g）
日式炸雞粉…15g
水…15ml

作法
❶將去刺鯖魚切成3等份。
❷取一個碗，將包裝上指示，將炸雞粉與水調和，備用。
❸把鯖魚塊放進作法❷裡，靜置10分鐘。
❹起一油鍋（油量要淹過食材），放入鯖魚塊，下鍋後不要翻動，待1分鐘後再翻面，炸至表面金黃、魚肉熟透後，撈出瀝油即完成。

料理Memo
1、建議事先拔除魚刺，這樣吃起來才順口。
2、因為炸雞粉會黏鍋，所以油量要淹過魚塊的高度。

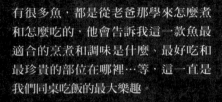

FISH RECIPE

41
半熟煙仔虎
鮮菜沙拉

微炙燒口感。

煎

青皮魚

有很多魚，都是從老爸那學來怎麼煮和怎麼吃的，他會告訴我這一款魚最適合的烹煮和調味是什麼、最好吃和最珍貴的部位在哪裡…等，這一直是我們同桌吃飯的最大樂趣。

如果看見父親在廚房仔細處理煙仔虎，並切成生魚片，就是當季最推薦的吃法。可惜，不敢吃生魚片的我，一直都無法知道，那能夠匹敵黑鮪魚的到底是什麼樣的滋味？還好，有煎得半生熟的魚肉可以解套，就像軟嫩單純的腰內肉，是吃過就會喜歡上的口感。

現在，跟女兒吃魚時，也會開始講到那些，從阿公身上學來的魚常識，讓吃魚這件事情變得更有趣了！

材料

去刺煙仔虎魚肉…1片（約180g）
番茄…1/2顆
酪梨…1/2顆
檸檬…1/2顆
芽菜（或生菜）…適量
粗粒海鹽…少許

作法

❶ 魚肉切成1cm左右的片狀，芽菜洗淨、酪梨去皮與番茄都切小丁，備用。

❷ 倒一點油入鍋，讓平底鍋或鐵板燒熱，放入魚片煎熟兩面，大約2-3分鐘即可。

❸ 關火，讓鍋中或鐵板餘溫把魚肉轉為半熟，這樣才會多汁不乾柴。

❹ 檸檬榨汁，與海鹽調成淋醬，把魚肉與芽菜、番茄丁、酪梨丁擺盤，最後淋上醬汁即可。

42

香蒜胡椒蝦

下酒宵夜小食。

美食比音樂更能喚出當年那個時刻，
每吃到胡椒蝦，就會想起青春歲月。

當年流行吃蝦吃到飽，幾乎每個週末
都會跟三五好友相約，大啖一蝦十吃
的料理，而且每次必點胡椒蝦。如
今，好友也都當了孩子的爸媽，夜晚
不能相約、聚餐也不好喬，最好的吃
飯咖換成另一半，只要學會這道，在
家馬上就能吃到胡椒蝦。

人老了，晚上吃宵夜的確比聽音樂有
感，因為，會比較容易胖啊！

材料
白蝦…200g
白胡椒粉…6g
蒜瓣…30g
油…2大匙

作法
❶ 準備一個陶鍋或鑄鐵鍋，倒入油加熱。
❷ 大蒜連皮拍碎，放入鍋中爆香。
❸ 放入白蝦拌炒，撒上白胡椒粉。
❹ 加蓋，以大火煮3分鐘後，關火燜2分鐘
即可。

料理Memo
1、想要蝦子要熟但不要過熟，用燜的方式就能達成，這
樣吃起來會比較多汁。
2、大蒜和蝦一起燜熟後的風味很像栗子，建議要品嚐一
下大蒜喔。

FISH RECIPE
43

九層塔
竹筴魚炸丸

撲鼻的九層塔香氣。

炸

青皮魚

在日式家庭料理中，竹筴魚泥沙拉很常見，只不過在台灣很少會這樣吃。所以，一樣的組合，我選擇用油炸，讓它變成炸魚丸。

三年前，跟木村媽媽（日本熟識的友人）還有她的女兒，三人一同去京都賞楓，記得居酒屋端出來的小菜就有這一盤，知道我不吃生魚的日本媽特別拜託吧檯師傅，看有沒有可能加熱或換道料理。一轉身，大廚端來一串炸得熱呼呼、內餡豐富的炸丸子，嚐起來有魚肉香甜和紫蘇氣味，和店內自釀的梅酒好Match！

至今，每逢到了竹筴魚的季節，我也會做竹筴魚泥沙拉，但是改炸成丸子，有熟才敢吃。

材料

竹筴魚…2尾（約220g）

九層塔…6g

白胡椒粉…1/2匙

橄欖油…1匙

醬油…1匙

作法

❶ 片下竹筴魚肉，變成4片，再用魚刺夾去除魚刺，並用菜刀刮下魚肉（魚皮不使用）。

❷ 將魚片與九層塔一起剁碎成泥（份量多時可用食物調理機），放入碗中。

❸ 在魚漿中加入白胡椒粉、橄欖油、醬油捏成丸子。

❹ 備一油鍋，先以小火保持油溫，油滾後放入丸子炸約3-4分鐘至熟，撈起瀝油。

料理Memo

除了九層塔，也可換成紫蘇葉或芹菜來做成不同口味；如果不喜歡油炸，煮成魚丸湯也很好吃。

FISH RECIPE

44

拔絲腰果
秋刀魚

炸

青皮魚

攝影師的心頭好。

為本書掌鏡的攝影師正毅，在每次的
工作日裡，他總說之前做過的那道蜜
汁炸秋刀魚很厲害，為了這句話，任
性地在書裡再添一道秋刀魚食譜。

會把秋刀魚做成蜜汁口味的動機，是
某次炒蜜汁小魚乾時所得到的靈感，
那時候直覺秋刀魚很適合蜜汁。當下
馬上實驗，給不愛吃魚的朋友嘗試，
大家說很顛覆秋刀魚的印象，因為滿
滿魚刺竟可以放心大口吃，而且炸得
脆脆的魚肉和甜甜糖衣很合拍。所
以，現在比較常做蜜汁秋刀魚，反而
不是蜜汁小魚乾了。

像這樣讓人愛上吃魚，就是最大的成
就感來源，謝謝攝影師的那句很厲
害，讓我想繼續挑戰和分享更多魚料
理給大家。

材料

秋刀魚…2尾（約130g）
熟腰果…60g

【蜜汁】
紅冰糖…150g
玄米油…40ml

作法

❶ 將秋刀魚洗淨去內臟（請見57頁處理），切
成塊狀，一尾切成約4-5等份，然後用廚房紙
巾擦乾魚身水分。

❷ 在鍋內倒入油，放入秋刀魚塊，以小火慢
炸約10分鐘，撈起瀝油，備用。

❸ 在不沾鍋內倒入玄米油燒熱，放入紅冰糖
炒至糖溶後，放入腰果和秋刀魚塊攪拌至拔
絲狀態。

料理Memo

炸魚的油量，請依鍋子大小而定，只要能蓋過所有秋刀
魚塊即可。

番茄菇菇油漬蝦

即食常備菜。

這是一款先做好、可冰存的常備菜，放在麵包上一夾就能吃，拌在麵飯裡也能當配菜，在忙碌的日常裡，有先做好的即食料理，真的可以輕鬆不少。

每週五是女兒上游泳課和足球課的日子，這一天，從早上就要帶著她往返兩處不同的上課地點，中午游泳完，就能奉上油封蝦和白飯混合的飯糰，讓運動完飢腸轆轆的小鬼趕快吃飽，接著就去上足球課，哈，學齡前的小孩怎麼能搞到這麼忙？

不管有沒有時間，都要好好吃飯，這是身為母親最能示範的一項身教。即使一天很忙碌，也不想隨便將就一餐，這道事先煮起來放的常備菜就是媽媽最好的戰鬥夥伴。

材料

白蝦…200g	洋蔥…半顆
杏鮑菇…150g	蒜末…8g
牛番茄…1顆	油…250ml
小番茄…20g	香料鹽（或一般鹽）…1/2小匙

作法

❶ 將白蝦洗淨剝殼，杏鮑菇切小塊、牛番茄切小塊、洋蔥切丁，備用。

❷ 熱鍋，先倒入少許油，放入蒜末、洋蔥丁、番茄塊炒香。

❸ 放入白蝦、杏鮑菇，拌炒至鍋中水分稍微收乾。

❹ 倒入剩下的油和小番茄，煮至大滾後關小火，再煮約8分鐘即可。

料理Memo

1、菇類可換成其他菇類，洋菇、鴻喜菇…等都可以。

2、放涼後，再放冰箱冷藏，請於3天內食用完畢。除了當配菜，用來炒義大利麵或炒飯、當麵包餡料都合適。

FISH RECIPE

46

酥炸金鉤蝦肉卷

粉媽傳家菜。

在娘家吃飯，千萬不可以說哪道料理好吃，不然那樣菜從隔天開始會連上一週，因為孩子說好吃，就想天天煮，老媽就是這種孝女風格。

這款「金鉤蝦肉卷」混合了豬絞肉和蝦仁，撒上白胡椒與醬油調味，包起來就能下鍋。不久前，媽媽帶著我實作了一次，做法真的很簡單，同款餡料使用不同麵皮或煮法，就能變成像是水餃、餛飩、煎餅之類的麵食。

話說，那天炸的肉卷，讓不愛吃肉的小孫女吃掉兩條，頻頻稱讚阿嬤的好手藝。還好，那天食材準備的不多，不然阿嬤愛屋及烏的個性，肯定連炸個三天三夜，讓阿孫吃到飽。

材料

生金鉤蝦仁⋯150g
絞肉（半肥瘦）⋯150g
雞蛋⋯1顆
青蔥⋯1根（切碎）
香菜⋯6g（可省略）
醬油⋯1大匙
潤餅皮⋯10張

作法

❶ 將潤餅皮以外的所有食材放入碗中混合，混合時需產生黏稠感，這樣餡料才會黏合。
❷ 攤平潤餅皮，在中間鋪上餡料，捲起收合，於收口處塗上麵糊黏合。
❸ 起油鍋至冒泡泡的程度，放入所有春捲，以中小火將春捲炸熟並且表面金黃。起鍋前，轉大火逼油後撈起瀝油。

料理 Memo

必須等油確實熱了之後再放入春捲油炸。建議先以中小火油炸，以免外表焦黑但內餡不熟的情況。

鬼頭刀魚丸
高麗菜湯

一次嚐盡山海鮮甜。

青皮魚

宜蘭有一家很有名的無菜單鐵板燒料理，偶然在一季的菜單中，喝到了鬼頭刀魚丸湯，湯頭非常讓我印象深刻，是有阿嬤味道的高麗菜湯。那湯頭嚐起來，就是宜蘭人特有的樸實古意的氣味，實在跟南方澳的鬼頭刀魚很配！

餐廳的做法是用魚漿包裹鴨肝，再做成魚丸，我換成去掉鴨肝的在家煮版本，一樣用了鄰居阿伯在蘭陽平原栽種的高麗菜熬湯頭，這一碗魚丸菜湯，是宜蘭靠山也靠海的滋味綜合寫照。

材料

【魚丸】

無刺鬼頭刀魚排…1片（約250g）

塊狀新鮮豬皮油…300g

白胡椒粉…1/2匙

鹽…1/2匙

【高湯】

高麗菜…半顆

紅蘿蔔…1條

雞翅…4隻

水…1500ml

鹽…適量

作法

【魚丸】

❶ 先將鬼頭刀魚排稍微退冰，豬五花放冷凍。

❷ 兩種食材都是半冷凍的狀態下，都切小塊放入食物調理機中，加入鹽和白胡椒粉一同絞碎打勻，即可成漿。

❸ 燒一鍋熱水，滾沸後轉小火，用冰淇淋挖杓挖成一球球魚丸，放入鍋中煮至滾後撈出。

【煮湯】

❶ 將雞翅、高麗菜葉、切塊紅蘿蔔放入湯鍋中，加入水煮沸至高麗菜和紅蘿蔔軟爛，再放鹽調味。

❷ 最後將煮好的魚丸放到煉好的高湯中即可。

FISH RECIPE

48

五香鹹酥炸透抽

炸

鎖管類

安心炸物自己做。

小時候住在漁村的我，很少吃到鹹酥雞或炸雞，一個原因是地處偏鄉根本不會有人想擺攤做生意，另一個原因是粉媽不准我們吃這類的食物。

身為母親的她，自然懂得越禁止的東西，小朋友一定是最愛吃的，所以每到透抽產季時，老媽一定兩三天就炸一次鹹酥透抽，讓我們過過癮。每次總是還沒等到老媽將一桌湊齊開飯前，我與弟妹三人早就把一盤炸得酥脆的透抽搶食光光。我們喜愛鹹酥透抽的程度，是那種即便知道裝到便當裡，隔天到學校蒸過會讓它變得軟軟不酥脆，卻也一定要老媽裝上大半盒才放心的去寫功課。

現在，這個鹹酥透抽也是我會做給3歲幼童吃的少數炸物之一，更是週末跟另一半解饞下酒的良伴。

材料

透抽…1尾（約280g）　　玉泰白醬油…2大匙
五香粉…1/4匙　　　　　蛋白…1顆
白胡椒粉…1/4匙　　　　地瓜粉…100g
蒜末…10g

作法

❶ 將透抽切成適口大小，放入碗中，與五香粉、蒜末、醬油、白胡椒粉、蛋白拌勻後，放冰箱冷藏15分鐘後取出。
❷ 備一油鍋，先以小火保持油溫，將透油沾取地瓜粉後，稍微放置30-60秒，讓透抽的表面回潮，這樣炸好成品才不會有過多麵衣。炸至金黃酥脆後，取出瀝油即可。

料理Memo

油炸前，建議把透抽皮取掉，因為皮和肉之間有縫隙，很容易在炸的過程產生油爆（請見59頁處理法）。

鬼頭刀魚熱狗串

酥酥脆脆一口食。

青皮魚

當媽之後就一直有餵魚強迫症,三不五時來個點心,也想跟魚有關,像是這道炸魚熱狗就是其中之一。

製作很簡單,將鬼頭刀切成小塊再混裹上麵衣,不用幾分鐘就能變出花樣給小鬼們解饞,用鮮魚炸的熱狗比市售熱狗營養許多,用來餵小食怪,可以很放心!

材料

去刺鬼頭刀魚排…1片(約250g)
日本四葉鬆餅粉…100g(或他牌鬆餅粉或蛋糕粉)
雞蛋…1顆
無糖優酪乳…125ml(或牛奶)

作法

❶ 優酪乳倒入碗中,與雞蛋、鬆餅粉一同混合拌勻至無粉塊。

❷ 將鬼頭刀魚排切成小塊,需按照魚肉紋路直切,一塊塊插在竹串上。

❸ 備一油鍋,先以小火保持油溫,將魚肉串裹上麵衣,下鍋炸至熟透金黃後再轉大火,逼油後再取出瀝乾。

料理Memo

1、請一直使用小火保持油溫,避免麵衣一下鍋就焦黑。確定魚肉熟透後,再轉大火逼出油脂。

2、測油溫時,用一隻較長的竹籤,插進油炸中的鬼頭刀魚肉,拿出竹籤摸一下,若竹籤有熱,就代表魚肉已熟透。

FISH RECIPE 50

柳葉魚紫蘇起司卷

炸

青皮魚

給女兒的特製料理。

當了母親之後發現，很多自己不喜歡
的顏色、不愛的食物、不會穿搭在自
己身上的style，女兒都喜歡，有如老
天爺給的考驗一般，就像她喜歡吃柳
葉魚和柳葉魚蛋這件事也是。

柳葉魚算是小朋友界的人氣王，用炸
的就十分受歡迎了，只是平常不沾粉
炸的話，很容易炸到爆卵。改用餛飩
皮打包柳葉魚，可增加不同層次的酥
脆感，就算炸過頭，魚蛋也不會散落
一鍋。

每一次飯後，看見寶貝笑著露出小小
圓圓的牙齒，邊笑邊跟我說：「媽咪妳
煮的菜菜最好吃了！」，這帖迷魂藥被
灌久了，竟也莫名開始覺得，柳葉魚
是最好吃的魚！

材料

柳葉魚…7-8隻（約150g）
餛飩皮…7-8張
紫蘇葉…7-8片
起司片…4片

作法

❶ 將紫蘇葉洗淨、擦乾水分，起司片切半，
備用。

❷ 以餛飩皮為底，放上紫蘇葉1片、半片起
司片、柳葉魚1尾，一起包起來。以少許麵粉
加水調成糊，沾在餛飩皮邊邊黏合。

❸ 備一油鍋，先以小火保持油溫，放入柳
葉魚捲入鍋中炸2-3鐘即可撈出瀝油。

料理Memo

用不完的餛飩皮請放冷凍庫保存，以免乾掉。

煙仔虎
美乃滋飯糰

旅行記憶的味道。

在北海道的小樽漁港有吃過鰹魚飯糰，那種別滋有味的鹹，讓我一口氣吃掉三顆，事過幾年，依舊難忘。

每每回到老家，聞到海的氣息，就會忍不想吃鹹鹹的美乃滋魚飯糰。還好，冷凍庫裡最多的就是魚，三不五時就能替換不同魚種，捏個屬於自己旅行回憶的紀念飯糰。

材料

去刺煙仔虎魚肉…1片（約180g）

日式美乃滋…50g

鹽…1匙

海苔片…1片

芝麻油…1匙

白飯…1碗

橄欖油…少許

作法

❶ 將煙仔虎魚表面塗上橄欖油後，放進烤箱烤10分鐘至熟。

❷ 將烤熟後的煙仔虎魚肉壓碎，拌入美乃滋、鹽、芝麻油，混合均勻。

❸ 將白飯捏成飯糰，放上作法❷的魚肉醬，要吃的時候搭配海苔（可省略）。

料理Memo

手捏飯糰時，先將雙手沾濕，避免米粒黏在手上而不好捏；或也可使用三角飯糰模型輔助。

FISH RECIPE

52

酸檸四破魚抹醬

餅乾麵包片都好搭。

醬

青皮魚

當媽媽之後才懂「恨豬不肥」的感覺，
因為女兒—布拉魚是個挑嘴的小孩，
她幾乎不吃肉類，蛋白質來源大多都
是魚，不知道是不是因為這樣，小豬
怎麼養都胖不了。

所以，一逮到機會，就算是吃餅乾，
也想讓女兒可以沾個醬、添點營養，
看看是不是能肥個兩三兩啊！

材料

四破魚…2尾（去頭去內臟約120g）
檸檬…1/2顆（擠汁＋磨皮屑用）
奶油乳酪…60g
鹽…1/4匙

作法

❶ 將四破魚放進烤箱烤10分鐘至
熟，取出放涼。

❷ 用手剝下魚肉，另外用魚刺夾挑
去細刺。

❸ 將魚肉、奶油乳酪放入食物調理
機中，擠入檸檬汁，打勻成綿密細
緻的狀態。

❹ 在打好的抹醬中拌入檸檬皮屑即
可，抹在蘇打餅乾或法國麵包片上都
合適。

樂食 Santé02

漁家女兒的魚鱻食帖：

煮魚知魚，讓你愛上吃魚！

作者	——	新合發猩弟
主編	——	蕭歆儀
特約攝影	——	王正毅
封面與內頁設計	——	TODAY STUDIO
印務	——	黃禮賢、李孟儒

出版總監	——	黃文慧
副總編	——	梁淑玲、林麗文
主編	——	蕭歆儀、黃佳燕、賴秉薇
行銷總監	——	祝子慧
行銷企劃	——	林彥伶、朱妍靜

社長	——	郭重興
發行人兼出版總監	——	曾大福

出版	——	幸福文化／遠足文化事業股份有限公司
地址	——	231 新北市新店區民權路 108-2 號 9 樓
粉絲團	——	www.facebook.com/Happyhappybooks
電話	——	（02）2218-1417
傳真	——	（02）2218-8057

發行	——	遠足文化事業股份有限公司
地址	——	231 新北市新店區民權路 108-2 號 9 樓
電話	——	（02）2218-1417
傳真	——	（02）2218-1142
電郵	——	service@bookrep.com.tw
郵撥帳號	——	19504465
客服電話	——	0800-221-029
網址	——	www.bookrep.com.tw
法律顧問	——	華洋法律事務所 蘇文生律師

印製	——	凱林彩印股份有限公司
地址	——	114 台北市內湖區安康路 106 巷 59 號
電話	——	（02）2794-5797

國家圖書館出版品預行編目（CIP）資料

漁家女兒的魚鱻食帖：煮魚知魚，讓你愛上吃魚！
／新合發猩弟著. -- 初版. – 新北市：
幸福文化，遠足文化，2017.07
184 面；16.8×23 公分 . --（Santé；2）
ISBN 978-986-94174-8-8（平裝）
1. 烹飪

427   106009934

初版七刷　西元 2020 年 9 月
Printed in Taiwan 有著作權 侵害必究